情报视角下
城市型水灾害突发事件
应急情报分析研究

徐绪堪　高伟　高林　孙峰　著

中国水利水电出版社
www.waterpub.com.cn
·北京·

内 容 提 要

针对传统城市型水灾害突发事件应急管理中信息杂乱、情报流通脱节、情报支撑决策不力等问题，避免在应急决策中"多头"领导、"多头"决策、"多头"指挥造成的失误和低效。以快速响应为标，以城市型水灾害突发事件为研究对象，借助知识组织理论与方法来探讨突发事件各类信息的采集、组织、处理、共享和利用全过程。宏观上构建城市突发事件组织-业务-信息应急管理体系；微观上融合资源驱动和问题驱动的突发事件信息采集、处理和分析过程，促进应急决策情报的产生，为政府提供参谋来辅助其应急决策。

本书对从事知识组织、突发事件等方面研究的科研人员有很高的参考价值，也可以作为高等院校大数据管理与应用、信息学管理与信息系统、情报学、图书与情报等专业的研究生或者高年级本科生的教学参考书。

图书在版编目（CIP）数据

情报视角下城市型水灾害突发事件应急情报分析研究/
徐绪堪等著. -- 北京 ：中国水利水电出版社，2019.12
ISBN 978-7-5170-8321-4

Ⅰ. ①情… Ⅱ. ①徐… Ⅲ. ①城市－水灾－应急对策
－研究 Ⅳ. ①P426.616

中国版本图书馆CIP数据核字(2019)第296073号

书　　名	情报视角下城市型水灾害突发事件应急情报分析研究 QINGBAO SHIJIAO XIA CHENGSHIXING SHUIZAIHAI TUFA SHIJIAN YINGJI QINGBAO FENXI YANJIU	
作　　者	徐绪堪　高伟　高林　孙峰　著	
出 版 发 行	中国水利水电出版社 （北京市海淀区玉渊潭南路1号D座　100038） 网址：www.waterpub.com.cn E-mail：sales@waterpub.com.cn 电话：(010) 68367658（营销中心）	
经　　售	北京科水图书销售中心（零售） 电话：(010) 88383994、63202643、68545874 全国各地新华书店和相关出版物销售网点	
排　　版	中国水利水电出版社微机排版中心	
印　　刷	天津嘉恒印务有限公司	
规　　格	170mm×240mm　16开本　11.25印张　220千字	
版　　次	2019年12月第1版　2019年12月第1次印刷	
定　　价	**56.00元**	

前　言

　　自 2008 年以来，我和我的团队一直从事水利信息化方面的研究，并与江苏省水利厅、宁夏回族自治区水利厅、常州市水利局等水利部门紧密沟通，深入水利工程管理、防汛防旱、水资源管理等工作一线，尤其是在每年汛期，与常州市水利局及其下属单位一起参与防汛工作，对防汛现状和过程有了非常明确的认识，在长三角一带，防汛排涝是每年非常重要的任务，市–省–部三级联动机制确保汛期城市安全，每年由于强降雨、排涝不及时等导致水灾害事件频发，导致人员伤亡和财产损失。我国大江大河防汛调度管理方面的研究成果非常多，但是专门针对城市级的防汛管理研究成果不多，因为城市级防汛管理存在支撑数据有限、管理要求高、不确定性因素多等特点，作为在水利特色高校的科研人员，我对这一问题一直非常关注，希望能通过管理和技术结合方式来服务城市防汛管理，也引发了我对这一问题的关注和思考。对于城市防汛管理的问题核心是高效快速响应，为了解决这个问题，我试图将情报学、管理学、灾害学等多学科理论进行整合应用，结合我参与博士后导师苏新宁教授承担国家社科重大课题"面向突发事件应急决策的快速响应情报体系研究"基础上，将城市防汛管理问题作为城市型水灾害突发事件来研究和探讨，并从情报视角来探讨和研究城市型水灾害突发事件应急情报分析和应用，如果能够结合城市已有各类水灾害相关数据，运用情报学、灾害学相关理论和方法进行加工和处理，能够获得水灾害突发事件响应决策的情报，能否提高城市水灾害突发事件预警能力？是否降低突发事件对城市带来的损失和影响？因此，我们团队试图将城市型水灾害突发事件快速响应作为课题进行研究，立即组织研究团队对城市型水灾害突发事件数据采集、预警识别、快速响应、灾后评价等专项研究和探讨，在2017年申报国家社科基金项目"基于多源数据融合的突发事件决策需求研究（17BTQ055）"，并非常幸运地获得了批准立项。

针对传统城市型水灾害突发事件应急管理中信息杂乱、情报流通脱节、情报支撑决策不力等问题，避免在应急决策中"多头"领导、"多头"决策、"多头"指挥造成的失误和低效。以快速响应为标，以畅通的情报流为线，宏观上构建城市水灾害突发事件组织-业务-信息应急管理体系；微观上融合资源驱动和问题驱动的突发事件信息采集、形式和深度融合，促进应急决策情报的产生，为政府提供参谋来辅助其应急决策。

通过阅读大量文献，提炼主持和参与项目研究成果基础上，本专著在以下三个方面取得初步成果。

（1）明确城市型水灾害突发事件概念、类型、组织要素、情报要素。以用户问题解决来引导城市水灾害突发事件预警和应急决策体系的架构，借助粒度原理和知识单元组织，从宏观和微观透视城市型水灾害突发事件中的知识组织模式。

（2）从组织机构、业务流程和信息流程3个层次系统角度设计城市型水灾害突发事件的信息采集、规范化表示、处理、组织和分析过程，构建城市型水灾害突发事件情报分析总体框架、业务流程框架和信息流程框架。

（3）以城市型水灾害突发事件为对象，以畅通的情报流为基础，通过城市型水灾害数据采集与清洗、事件关联以及情报融合等主要环节，形成城市型水灾害突发事件的情报分析实践应用。

本书为国家社会科学基金项目"基于多源数据融合的突发事件决策需求研究"（项目编号：17BTQ055）成果之一，是全体课题组成员智慧的结晶。为了探索城市型水灾害突发事件应急情报分析，课题组进行大量调研、交流讨论，大家对城市型水灾害突发事件应急情报分析有了更深刻的理解。本书具体分工如下：徐绪堪构建了本书的框架，撰写了第1章、第3章、第5章、第6章；高伟、高林撰写了第2章，孙峰撰写了第4章。徐绪堪最终对全书进行了认真的审阅和修改。参加本书讨论的学者有：蒋亚东、汪利利、王京、于成成、刘思琪、赵毅等。

本书得到河海大学中央高校基本科研业务费"情报视角下城市型水灾害突发事件应急情报分析研究"（2018B35114）资助，本书在研究和撰写过程中得到河海大学社会科学处、河海大学统计与数据科学研究所、常州市工业大数据挖掘与知识管理重点实验室以及河海大学商学院等单位的大力支持，在此表示衷心的感谢。同时，感谢本书的所有作者，你们对本书的完成付出的努力；感谢所有作者的家人，感谢你们在作者的写作过程中所给予的后方支持，特别感谢我的妻子耿娟娟和女儿徐涵对我写作过程中的支持和理解。

本书的成稿不但参考了作者过去已形成并公开出版的部分研究成果，还充分参阅了国内外有代表性的研究成果，部分引用的参考文献在本书最后列出，在此向相关文献的原作者和版权所有单位表示衷心的谢意。书中所参考的有些文献由于作者不详，或由于出处不明确，或由于自身疏忽等原因，没能逐一详细列出，敬请作者谅解，不当之处敬请批评指正。

由于时间所限，一些最新的研究成果尚未整合进来，例如，基于D-S理论的突发事件多源数据可信度评估、基于用户画像的突发事件感知等。由于写作仓促，文中错误在所难免，希望能得到热心读者的反馈，使得本专著臻于完善。

徐绪堪

2019年9月于常州

目 录

第 1 章

绪　　论

随着经济的快速发展与城市化进程的加快，各种城市病不断显现，城市化引发的内涝问题显得尤为突出。现在城市内涝问题是一个世界性的难题，在中国尤其明显。武汉、广州、杭州、北京等城市频繁遭遇强暴雨袭击，引发严重内涝，造成巨大损失，可说是"逢雨必涝，遇涝则瘫"。以 2011 年前三个季度的统计数据为例：中国共有 160 个城市发生过不同程度的内涝，其中涝灾发生三次或者以上的超过 70%；有 56% 的城市积水时间在 5～12h，最长的时间超过 24h。因此强降雨是导致城市发生内涝最突出的因素，直接导致城市内涝，严重情况下城市内涝直接影响城市正常运转。目前城市管理部门有效应对城市水灾害的办法就是事后补救，这样应对灾害的效果非常有限，鉴于此，城市水灾害管理部门意识到事后补救的局限性，积极探索洪涝灾害事前预警对事件快速响应的支撑，因此针对城市区域的洪涝灾害预警和应急响应问题成为社会各界关注的热点。

1982 年 7 月 23 日日本长崎大水灾中提出"城市型水灾害"的概念。为了规范概念，用城市型水灾害来替代城市内涝、城市暴雨等概念。在当今快速城市化过程中，城市型水灾害涉及城市规划、建设等多方面的复杂系统。由于城市化对城市河流、地下水、城市防洪以及周边水域有显著影响，城市洪涝的水文特性与成灾机制均发生着显著的变化，发生内涝问题不能简单的归结于降雨，对于降雨前预警、降雨后的应急处理是否得当，直接影响城市内涝的程度。因此，虽然城市内涝问题想要在很短时间内彻底根治不现实，但可以主动预警和应对，尽可能降低城市内涝造成的损失。

目前城市型水灾害显现出一些新的特点：城市人口、资产密度提高，同等淹没情况下损失增加；城市面积扩张，新增市区过去为农业用地，防洪排涝标准较低，而洪涝风险较大；以往城外的行洪河道变成了市内的排水渠沟，加重了防洪负担；城市空间立体开发，一旦洪涝发生，不仅各种地下设施易遭"灭顶之灾"，高层建筑由于交通、供水、供气、供电等系统的瘫痪，损失亦在所难免；城市资产类型复杂化，水灾之后即使洪水退去，诸如计算机网络的破坏等所造成的损失不可估量，且恢复更加困难；城市对生命线系统的依赖性及其在经济贸易活动中的中枢作用加强，一旦遭受洪水袭击，损失影响范围远远超出受淹范围，间接损失甚至超过直接损失；城市不透水面积增加，排水系统改善，径流系数加大，使河道洪峰流量成倍增加，洪峰出现时间提前，已有堤防的防洪标准相对降低；由于城市气温高、空气中粉尘大，形成所谓城市雨岛效应，即出现市区暴雨的频率与强度高于周边地区的现象；大规模城市扩张阶段，往往造成水土流失加剧，局部水系紊乱，河道与排水管网淤塞，人为导致城市防洪排涝能力下降；城市防洪排涝的安全保障要求大为提高，而城市防洪排涝工程设计施工管理的难度加大。这些变化表明，现代城市面对暴雨洪水显得更为脆弱。除非随城市的发展同时增大治水的投入和管理的力度，否则必然会出现水灾损失急剧增长的恶性局面。

为了有效应对城市型水灾害，国家、省、市等各级政府非常重视，制定一系列建设和应对计划，并且投入大量资金进行规范和系统建设。2015 年财政部、住房和城乡建设部、水利部联合启动了海绵城市建设试点工作。水利部为了进一步指导和推进海绵城市建设水利工作，充分发挥水利在海绵城市建设中的重要作用，提出了《关于推进海绵城市建设水利工作的指导意见》；国家自然基金委和国家社科规划办对解决城市型水灾害相关课题给予大力资助，2008 年清华大学公共安全研究中心主任范维澄院士获得国家自然科学基金重大研究计划"非常规突发事件的应急管理"资助以来，资助力度和范围不断加大；学界近些年逐渐注重城市型水灾害的研究，对城市型水灾害的特征、框架、应急决策、模拟仿真等方面取得了一批成果；社会各界还是关注城市型水灾害预防和预警的实施。

1.1　政府对城市型水灾害的关注

世界各国对城市发展一直都非常重视和关注，发达国家对城市水灾害突发事件预警和应对相对成熟，发展中国家也逐步开始意识到城市型水灾害研究的重要性，我国将城市型水灾害预防和应对作为将来研究的重点。

1.1.1　美欧政府对城市型水灾害的关注

美国政府注重充分共享城市型水灾害事件相关信息，明确各级政府职责，对事前预警、事中处理以及事后救灾恢复等阶段都有完善制度。美国联邦紧急事务管理署（Federal Emergency Management Agency，FEMA）负责全国救灾一体化管理，通过城市搜救联盟（Urban Search and Rescue）来解决城市型洪水、地震、台风、暴雨以及恐怖事件等突发事件，提供历史事件多语言查询服务。FEMA 的合作伙伴为州和当地应急管理机构、27 个联邦机构和美国红十字会。FEMA 的中心任务是保护国家免受各种灾害，减少财产和人员损失。这种灾害不仅包括飓风、地震、洪水、火灾等自然灾害，还包括恐怖袭击和其他人为灾难。最终形成一个建立在风险基础上的综合性应急管理系统，涵盖灾害预防、保护、反应、恢复和减灾各个领域。城乡安全防护是州和城市的职责。如纽约市，为了应对恐怖袭击、大停电、自然灾害等突发情况，市政应急包括三个层面：

第一层面"应急反应部队（first responders）"，包括警察，消防和紧急医疗救助负责指挥和救助。美国科罗拉多州通过城市排水和防洪区（Urban Drainage and Flood Control District，UDFCD）为本州 40 多个乡镇、县和城市提供洪水风险图、防洪安全、城市发展规划、建设和施工等服务。

第二层面是政府各部门，如交通、医院、卫生等，及私立企业（private sector）共 150 个单位，统一由应急管理办公室指挥。

第三层面是州长或市长与各局局长，负责政策层面的决策及与联邦政府沟通，主要负责根据需要启动国民自卫队（National Guard）等投入应急工作中。

美国环境保护署（US Environmental Protection Agency）负责监测和应对自然灾害对人民健康的影响和预防。

欧盟资助 Urban Flood 项目通过前端传感器河堤在线预警和应急管理，构建欧盟城市预警系统框架。构建一套突发事件预警系统，可以实时预警一定范围内发生水灾害事件的可能性、紧迫性和严重性的程度，公众可以定制关注的预警信息，并可以获取公众反馈信息。

澳大利亚气象局（Bureau Of Meteorology，BOM）负责提供天气、气候、水文等服务，包括国家气候中心（National Climate Centre）、气象局培训中心（the Bureau of Meteorology Training Centre）、气象局研究中心（the Bureau of Meteorology Research Centre）三个研究中心，在澳大利亚各个州的首府和 Darwin 市设有地方气象局，每个地方气象局都包括区域预报中心和洪水警报中心。在线提供的天气方面资料分为警报信息、预报信息、观测资料和天气图四类。警报信息包括澳大利亚最新的天气警报信息和警报概要。预报信息包括澳大利亚本土的天气预报、远海天气预报、主要城市未来 3 天天气展望、全国洪水预警服务、各州首府的紫外线参数预报曲线图、城镇紫外线参数预报等。

1.1.2　金砖国家政府对城市型水灾害的关注

俄罗斯联邦民防、紧急情况和消除自然灾害后果部（紧急情况部）（Ministry of Civil Defence, Emergencies and Disaster Relief of the Russian Federation）是俄罗斯处理突发事件的组织核心，其主要任务是制定和落实国家在民防和应对突发事件方面的政策，实施一系列预防和消除灾害措施、对国内外受灾地区提供人道主义援助等活动。紧急情况部下设几个局，包括居民与领土保护局、灾难预防局、防灾部队局、国际合作局、消除放射性及其他灾难后果局、科学技术局及管理局等。该部同时下设几个专门委员会用以协调和实施某些行动，包括俄罗斯联邦打击森林火灾跨机构委员会、俄罗斯联邦水灾跨机构委员会、海上和水域突发事件跨机构海事协调委员会、俄罗斯救援人员证明跨机构委员会。俄罗斯紧急情况部成立以来，作为俄罗斯专业化的抗灾救助机构，具有系统的机制、具体的措施和丰富的经验，采用了许多高科技手段，对自然灾害和突发事件进行预测预报，组织救援。国家危机情况管理中心成为统一信息来源和全国危机情况预防和应对体系，在发生紧急情况时增强政府各部门间的协作，同时还可以使民众及时了解有关灾害和事故的信息。在国家紧急情况管理中心有一个"行动反应中心"，采用电脑管理，并配以声文记录装置，在多个特大屏幕墙上能够显示出全国各地的当时情况，可以直接看到发生地震和火灾的现实情况。一旦发生灾害和突发事件，可以迅速获得信息资料，并即时上报和通报。为了加强对人群多的地方的信息管理，在机场、火车站、大型商场、电视台、大型广场等人群较多的地方都树立了大型监视系统，对现场情况进行 24 小时监控，以随时掌握现场情况。目前在莫斯科、圣彼得堡等大城市共设立了 911 个信息和通报站。

印度气象局（India Meteorological Department, IMD）是印度政府地球科学部的一个机构。它是负责气象观测，气象预报和地震学的主要机构。它在整个印度和南极拥有数百个观测站。提供天气预报信息、气象数据以及降雨预测等，提供自 1901 年以来雨量等气象数据，还提供洪水灾害的预警信息。

巴西政府 2012 年 8 月 8 日宣布了全国自然灾害治理与援救计划。巴西总统罗塞夫出席发布仪式并发表讲话。这个计划主要由规划、预防、预警和救援4 方面组成，即对全国易发生自然灾害地区实施普查和地图标注；建设抵御自然灾害的基础设施，同时加固地基、整治危房等；建立一个覆盖全国的高规格的监控系统；建立专门的"全国紧急援救力量"，同时强化灾后的重建工作。

1.1.3　我国政府对城市型水灾害的关注

随着我国城市化问题灾害发展造成城市日益突出，政府先后出台多项政策和制度来预警和应对城市型水灾害，城市型水灾害预警和应急管理主要由各城市来完成。起初主要应对流域性的洪水，中华人民共和国成立后的 1950 年 6 月 3 日，经中央人民政府政务院批准，正式成立中央防汛总指挥部，其职能是按照《中华人民共和国防洪法》《中华人民共和国防汛条例》《中华人民共和国抗旱条例》和国务院"三定方案"的规定，国家防汛抗旱总指挥部在国务院领导下，负责领导组织全国的防汛抗旱工作，提供信息和决策咨询等各类服务，例如通过全国水雨情信息提供全国流域主要站点水雨情信息。随着城市水灾害日益严重，城市防洪越来越受到重视和关注，十八届三中全会审议通过的《中共中央关于全面深化改革若干重大问题的决定》（以下简称《决定》）明确指出，要"完善城镇化健康发展体制机制。优化城市空间结构和管理格局，增强城市综合承载能力"。为实现《决定》目标，必须进一步提高对城市防洪排涝减灾的组织领导，坚持以人为本、人水和谐、统筹兼顾、科学防控、依法防控、群防群控，正确处理好城镇化建设与防洪排涝建设、城市防洪与流域防洪、近期建设与远期建设、工程措施与非工程措施、政府主导与社会参与、统一指挥与部门联动的关系，扎实推进城市综合防洪体系建设，全面提高城市防洪排涝减灾能力，由城市防汛防旱指挥部执行水灾害预警、应急响应和决策。2002 年 4 月中华人民共和国民政部成立国家减灾中心，主要承担减灾救灾的数据信息管理、灾害及风险评估、产品服务、空间科技应用、科学技术与政策法规研究、技术装备和救灾物资研发、宣传教育、培训和国际交流合作等职能，为政府减灾救灾工作提供信息服务、技术支持和决策咨询。

2018 年 3 月防范化解重特大安全风险，健全公共安全体系，整合优化应急力量和资源，推动形成统一指挥、专常兼备、反应灵敏、上下联动、平战结合的中国特色应急管理体制，提高防灾减灾救灾能力，确保人民群众生命财产安全和社会稳定，将国家安全生产监督管理总局的职责，国务院办公厅的应急管理职责，公安部的消防管理职责，民政部的救灾职责，国土资源部的地质灾害防治、水利部的水旱灾害防治、农业部的草原防火、国家林业局的森林防火相关职责，中国地震局的震灾应急救援职责以及国家防汛抗旱总指挥部、国家减灾委员会、国务院抗震救灾指挥部、国家森林防火指挥部的职责整合，组建应急管理部，树立"大应急"理念，作为国务院组成部门，国家防汛抗旱总指挥部在中华人民共和国应急管理部设立办事机构（国家防汛抗旱总指挥部办公室），承担总指挥部日常工作。

除了国务院、省级、地（市）级成立应急管理机构外，有防汛任务的县（市）人民政府也应成立应急管理局，负责管辖范围内的防汛工作。有关气象、水文部门负责提供气象、水文信息和预报。防汛工作按照统一领导，分级分部门负责的原则，建立健全各级应急管理体系，发挥有机的协作配合，形成完整的防汛组织体系。根据统一指挥，分级、分部门负责的原则，各级应急管理部门要明确职责，保持工作的连续性，做到及时反映本地区的防汛情况，果断地执行防汛抢险调度指令。

1.2　知识组织研究概述

"知识组织"一词始见于 1929 年美国图书馆学家布利斯的专著，并在图书馆学、情报学的分类系统和叙词表研究基础上发展起来的，是信息组织的最高形式，其核心是知识序化。知识组织是揭示知识单元（包括显性知识因子和隐性知识因子），挖掘知识关联的过程或行为，目的是最为快捷地为用户提供需要的知识或信息。刘洪波认为知识组织主要包括知识生产、知识组织、知识交流和知识利用四个环节，通过这些知识组织过程实现知识的社会化。王知津、张国华认为知识组织是一个复杂的、系统的智力过程，明确这个过程中共同范围、网罗性、专指性、查全率、查准率、一致性、相关性等主要概念和要素，并构建一个简单的知识组织概念模型。薛春香、朱礼军、乔晓东分析网络环境下知识组织系统的由来和主要特点，剖析了知识组织系统的元数据和术语描述模型，为了更好地引导知识组织系统建设，构建了从功能、内容和结构三方面的知识组织系统评价指标体系。毕强、牟冬梅探讨语义网格环境下数字图书馆知识组织的目标、内容、知识组织方法和知识组织过程，通过知识发现、知识获取、知识抽取、知识建模、知识注释以及知识推理等一系列过程完成知识组织的过程。李贺、刘佳提出知识构建对知识服务过程中的知识获取、知识组织和知识开发等环节的优化思路。贺德方从知识组织体系的构建和应用角度总结出用户参与和用户使用优先是知识组织的趋势。马费成等针对网络信息资源集成中的困难提出基于关联数据的网络信息资源集成框架。滕广青、毕强对知识组织体系演变过程进行分析，发现其不断柔化和复杂化，认为知识组织体系应该向知识链接与知识关联、数据挖掘以及用户研究方面发展。

Budin 总结 KOS 的功能主要包括组织和保存大量文献内容的工具、信息系统的组成部分、支持基于概念查询标准的目标信息检索、查询可视化导航和查询语言、支持沟通的工具、机构知识管理的工具、学习和目标支持等。曾蕾认为 KOS 可为一个领域内语义结构建模，并为标签、定义、关系和性质提供语义、导航和翻译，嵌入到网络中帮助用户发现和检索知识。

Mai 从认知视角全面分析了人的信息行为对设计受控词汇的影响，将用户来源和价值观作为一个维度进行分析，研究中结合用户需求来描述和组织知识。Pastor-Sanchez 将 SKOS 与其他的词典、叙词表表现方式进行比较，并建议从用户视角来管理、检索等操作，而且提出从用户需求角度研究 SKOS。

T. R. Smith 等人通过使用传统的知识组织系统原理和其他语义工具，构建了特殊领域的高度结构化知识组织模型，通过知识基础和可视化工具表示科学概念的知识。Bonome、María G 从复杂系统视角分析知识组织系统，认为知识组织系统的新任务是面对复杂多变的外界环境和面临可能发生的各种问题，通过知识组织为决策者提供可能的解决办法。Souza Renato Rocha 等提出一个全新集成的框架对知识组织系统进行分类，并把大量素材和将来用途作为知识组织系统分类的新基础。

王曰芬等研究了面向个性化服务的知识组织机制，将用户需求和用户隐性知识纳入其中，形成了知识源、知识获取、知识表示、知识重组、知识集成以及个性化服务等知识组织的过程。王兰成、敖毅、李留英在对文献型异构数字信息群知识组织的需求分析的基础上，提出知识定义、元数据管理、知识挖掘和知识存储组成的知识组织框架功能，并按照功能分为知识表示层、知识发现层和知识存储层。

夏立新等从行为学角度研究政务门户知识组织，将个性化信息服务平台和知识服务平台进行集成，形成用户层、服务层、系统层、数据层四层结构，实现将杂乱、无序、异构的信息资源经过知识发掘、知识收集、知识表示、知识转移等处理后，形成知识仓库，最终实现知识共享。董慧等提出将本体分子应用于数字图书馆领域，建立一个以本体、本体分子为核心的数字图书馆知识组织四层模型，分析动态知识组织层的实现机制，较好地解决核子、离子和本体分子等知识组织问题。姜永常针对 CNKI 数字图书馆，探讨其依托的信息资源基础和知识管理系统平台，阐述 CNKI 数字图书馆知识服务的内在机理和外在机制，并探索为不同行业提供相应的知识服务的应用解决方案。

为了提高突发事件预警的准确性和应急响应的快速高效，国内外学者从知识组织的视角对突发事件采集、规范化表示、知识的组织、可视化分析等方面进行研究。王亚、陈龙、曹聪等在动态语义学基础上构建事件的语义、文法、常识多层次的分类体系，以事件的定义、事件之间的关系、文法表达、事件的例句、事件的前提常识和后果常识为事件框架来获取事件常识，并以典型的"交易类"事件为例描述该方法的实用性。李勇建、乔晓娇、孙晓晨[31]通过分析大量典型的突发事件案例，采用多案例分析对突发事件进行结构化描述，将突发事件抽象为事件类型、关键属性、从属属性、环境属性和危害评估属性等结构，并用汶川地震案例进行验证，结果表明有助于制定快速、有效、全面的应急决策。王宁、仲秋雁、王延章等针对突发事件案例的内容特征，对突发事件案例进行结构化表示，通过可定制的突发事件案例信息抽取模板，同时结合匹配规则实现对突发事件案例半自动信息抽取，并存储到数据库中，提出一种基于知识元的突发事件案例信息抽取方法，最后用实验验证该方法的可行性和有效性。邵荃、翁文国、何长虹等针对突发事件模型涵盖领域广、模型繁杂、软模型少等特征，提出一种适合突发事件模型库的模型层次网络表示法，可以根据决策目标选择一条或者多条模型链，具有很好的灵活性和智能性，满足不同决策环境和决策对象的要求。马雷雷、李宏伟、连世伟等将本体概念引入到自然灾害事件中，从领域概念、概念属性以及概念之间的关系分析自然灾害突发事件领域知识，构建自然灾害事件领域本体模型，并对构建的事件本体进行评价。吴倩、谈伟、盖文妹针对航空运输重大突发事件应急准备和处置以及应急效果存在的问题，运用动态贝叶斯网络模型，构建基于灾害体、受灾体、孕灾环境以及抗灾体四要素的突发事件情景演化模型，并以航班降落时起落架故障为典型案例进行验证和分析，结果表明该方法合理和可行，为提高民航突发事件应急准备与处置能力提供新思路。仲兆满、刘宗田、李存华基于本体构建面向事件的本体模型，界定事件之间的关系，给出基于 HARank 算法的事件类排序方法，通过实验对排序方法进行验证和评价。王冬芝从哲学视角分析事物和事件的区别，将事件分为质变类、量变类以及质变＋量变混合类三类事件，明确事件的内涵和外延，认为事件是最自然的知识处理单元，并对事件进行哲学和语言学的融合探讨。陈献耘、柏晗结合 2011 年中央一号文件背景，从情报学角度分析水利科技情报工作存在缺乏针对性、及时性、有效性的情报信息服务，水利情报的研究水平滞后于水利科学整体技术，水利情报高端人才的匮乏等问题，同时指出水利情报迎来新的机遇，提出统筹布局水利相关领域、注重水利情报人员培养、鼓励水利情报工作创新等。

1.3　突发事件研究概述

通过对国内外学者对突发事件研究的相关文献进行整理，主要研究成果主要集中在以下几个方面：①从应急管理体系研究角度对突发事件范围和特征、主体界定、防御体系、全面应急管理机制、公民参与防治等方面研究；②从预警和应急处理角度对突发事件预警方法和应急响应、城市防汛决策系统、水灾害数据共享、暴雨仿真模拟、应急资源调度配置以及预警预报等方面研究；③从知识组织角度对突发事件表示、关联和分析等方面研究。

1.3.1　突发事件的应急管理体系和机制研究述评

1.3.1.1　对突发事件应急管理体系和机制研究

国内外学者对突发事件应急管理体系、应急管理组织架构、应急框架进行系统探讨，对突发事件阶段划分、突发事件主体、突发事件风险以及突发事件公众参与等方面进行研究。范维澄院士等于 2005 年从应急系统构建角度对我国应急平台建设进行了总体构思，在 2006 年对我国突发事件应急平台建设现状进行了分析，并于 2007 年对我国国家突发事件应急管理给出了科学思考与建议，明确提出了复杂条件下应急决策问题，同时城市安全是城市可持续战略的重要组成部分，探讨城市安全和应急管理的关系。袁莉、杨巧云分析国内外快速响应情报体系协同联动缺乏顶层规划和设计、政府与社会组织间职责不清、各主体资源来源不同和利益不均衡、实时情报融合难、忽略灾害前和事后恢复的情报分析等问题，从系统的观点出发，结合重特大灾害中各种情报资源、技术和人力资源，充分协同决策体系、保障体系、指挥体系和控制体系，结合应急决策目标和内容，构建快速响应情报体系协同联动框架，同时充分结合重特大灾害硬环境和软环境，对灾前预防、灾发响应、灾中应对以及灾后恢复四个阶段进行全流程优化，更好地协同联动的环境、协调多主体间的关系，为构建可操作性、高效、灵活、经济性的应急决策方案提供支撑。宋英华、王容天将危机周期理论引入到突发事件应急管理中，对突发事件潜伏期、爆发期、善后期以及解决期全过程进行综合管理，并针对预警机制缺乏、响应机制混乱、补救机制狭隘以及检验机制草率等问题，提出加强危机监控预警、首席危机官管理、公众参与应急等多项措施，构建基于危机周期的突发事件全面应急管理机制。李红艳界定突发水灾害事件概念，分析政府组织、非政府组织、企业和公众等参与主体职能，利用博弈论理论，构建同等级政府职能部门之间、企业之间的囚徒困境博弈关系模型和不同等级的中央政府、地方政府和公众之间的委托—代理博弈关系模型，分析结果表明要改变囚徒困境的博弈结果，只能加大对消极应对方的惩罚力度和对积极参与方的奖励力度，同时动员社会力量减少监督成本，才能实现各参与主体利益与社会利益最大化。崔维、刘士竹基于事故灾难风险管理的特点，以中石化东黄输油管道泄漏爆炸特别重大事故为例，分析我国事故灾难风险管理存在的问题，提出确定我国政府、企业风险管理的任务，建立风险沟通和协调机制，明确事故灾难风险管理的流程，发挥应急预案体系的整体作用，构建我国事故灾难类突发事件风险管理体系。张乐、王慧敏、佟金萍突发水灾害应急合作的行为博弈模型研究，研究非常规突发水灾害系统宏观强互惠和多 Agent 协同演化，以刻画和描述非常规突发水灾害事件的应急合作机制，形成以政府为主导、多主体无缝合作的共识方案，实现和支持"情景—沟通—合作—共识/认同—行动"的动态应急决策过程。理论成果在构建的仿真系统中进行验证。吴浩云、金科以太湖流域为研究对象，针对太湖流域水灾害具有水灾害管理组织涉及人类活动强烈、经济社会快速发展、需要跨省市多部门协调等特点，目前解决水灾害措施主要依靠现有治太骨干工程，从组织机构、法规制度、工程建设、应急预案等角度提出解决和预防水灾害对策。

国内外学者对重大突发事件应急管理体系进行探讨，对非常规水灾害、爆炸等领域突发事件进行针对性管理体系研究，但这些研究侧重从宏观角度对广义的重大的突发事件的应急管理体系，为城市型水灾害突发事件应急管理体系研究提供指导和参考。

1.3.1.2　对城市型水灾害突发事件应急管理体系和机制研究

国内外学者对城市型水灾害突发事件管理体系、危害评估、事件发展过程以及防御措施等方面进行研究。T. Tingsanchali 分析城市洪水危害和分布现状，全球超过一半的洪水灾害发生在亚洲，带来巨大人员伤亡和财产损失，目前洪水灾害管理由政府来主控，非政府机构和个人参与的非常有限，而且这些管理活动之间缺乏协同和集成，对洪水灾害管理侧重在应急响应管理和灾后重建等被动管理，缺乏各级政府、非政府、私有机构以及公众协同参与的积极的洪水灾害管理，提出集成长期和短期灾害管理活动的洪水灾害管理战略框架，主要包括洪水灾害前预报和预警等准备、洪水来临时快速响应、洪水到来时的应急反应以及洪灾后恢复和重建等四个阶段，并将该框架在泰国城市洪水灾害管理中进行探讨和应用。方琦分析我国城市水灾害防御体系的现状，指出存在规划不合理、协调管理差、抗风险能力低以及设施养护不力等问题，通过借鉴国外城市水灾害防御体系的实践经验，综合协调考虑城市防洪、排涝、排水等体系之间的关联，从总体规划和设计等方面着手，构建城市水灾害防御体系和实施联动机制，为城市水灾害防御提供借鉴和参考。龙献忠、安喜倩从善治视角下分析城市型水灾害防治中公民参与的必要性和优势，指出公民参与存在公民参与意识与能力欠缺、公民参与渠道不畅以及公民参与呈无组织状态等制约因素，利用善治理论，通过打造主动化、制度化、组织化、多样化的公民参与方式，提出城市型水灾害防治中公民参与的最优路径。谢丹、朱伟通过分析目前城市化进程和城市暴雨特点，构建城市突发暴雨灾害情景，将暴雨灾害划分为不同类型暴雨灾害危机事件单元，借助情景分析方法，结合暴雨灾害事件发展过程中的不确定性和动态性，构建突发暴雨灾害情景，为城市暴雨灾害应急管理提供清晰准确的方法和目标，提出暴雨灾害应急管理对策，降低暴雨灾害损失。Gangyan Xu 等针对城市防洪控制各类设备遍及整个城市各个区域，且由不同部门进行管理，设备的管理效率和发挥的作用低下，将云资产引入到城市防洪控制中，基于云计算、移动代理和各类智能设备等基础上构建云资产概念，通过硬件集成和软件封装，云资产能触感到实时状态以便适应不同情境，不仅能远程控制，还可以在各部门间充分共享，并基于城市防洪工作流形成云资产框架，最终提高云资产运作效率。徐绪堪、赵毅、王京等从情报学的视角明确城市水灾害突发事件情报分析基本要素，以城市水灾害突发事件为对象，以畅通的情报流为基础，通过城市水灾害数据采集与清洗、事件关联以及情报融合等主要环节，构建城市水灾害突发事件的情报分析框架，全方位分析水灾害突发事件的事前预防、事中控制、事后总结和分析，为城市水灾害突发事件应急决策提供科学依据。

国内外学者针对暴雨、强降雨等城市型水灾害应急管理机制进行探讨，从事件参与主体、公众参与、事件阶段划分、应急响应过程等多角度研究，但由于不同城市特点不同，对应的城市型水灾害事件也不同，如何针对城市型水灾害突发事件特点，制定配套的应急管理体系是关键。

1.3.2 突发事件预警和应急响应研究述评

1.3.2.1 突发事件预警研究述评

国内外学者对突发事件预警体系和预警方法、灾害链、事件状态预警监测等方面进行大量研究，通过对突发事件预警指标和预警效果进行探讨，并针对不同类型突发事件进行实例研究，其中欧盟各国、美国、澳大利亚等国家非常注重突发事件预警研究。Seifu J. Chonde、Omar M. Ashour、David A. Nembhard 根据紧迫性和救活的可能性来决定哪些病人优先治疗，将严重程度指数水平作为依据，通过对比序列逻辑回归、人工神经网络和贝叶斯网络三种方法预测严重程度指标水平，分析结果表明，从预测速度、数据可用性以及模型灵活性等角度看，贝叶斯网络方法值得推荐。Jianxiu Wang、Xueying Gu、Tianrong Huang 分析地震所导致的次生灾害，总结出 23 条常用地震灾害链，利用贝叶斯网络评估地震灾害链的可能性，构建地震—滑坡—堰塞湖—洪水灾害的贝叶斯网络模型，并分析该模型能提供有效地震灾害分析。Zheng Xu、Xiangfeng Luo、Yunhuai Liu 等为了让人们更清楚了解突发事件，帮助公众和政府有效应对突发事件，利用 Web 资源来监测突发事件的状态，通过对突发事件状态自动监测算法和启发式规则算法的效果比较分析，根据突发事件监测效果来选择状态监测算法，数据源采用新闻、微博和 BBS 三类，能有效监测突发事件潜伏、爆发和退化等状态，为突发事件应对提供有效支撑。Marie - Ange Baudoin、Sarah Henly - Shepard、Nishara Fernando 等分析自然灾害对依赖自然资源的社区具有深刻的影响力和破坏力，传统方式是通过有效预警来降低自然灾害对社区的影响，然而当前对预警系统的概念理解和应用上的不足，削弱基层公众的减灾，通过探讨自上到下到参与式等多种方法，基于肯尼亚、夏威夷和斯里兰卡三个地区预警系统提炼多层次参与方法，提出由传统专家驱动方法转变为潜入基层大众和易受灾社区驱动的方法，以社区为中心的方法是对预警系统概念的转变，有利于社区可持续发展。Stefano Balbi、Ferdinando Villa、Vahid Mojtahed 等通过集成人的脆弱性和通过应对减灾的能力，探讨城市洪灾预警效益评估，在传统物质损失评估基础上，补充主管和经验知识的量化和半量化数据，构建不确定的评估模型，输出可能性的分布，通过空间贝叶斯网络来标准化专家意见，考虑预警系统的可靠性、预测性和范围等，根据非致命性伤害可能性、创伤后应激障碍可能性以及死亡可能性等方面评估改善现有预警系统的效果。结果经过验证后表明：在城市重大洪灾事件下，改善后的预警系统的潜在效果和人民免受灾害的影响之前是显著相关的。Elisabeth Pate-Cornell 分析美国 911 恐怖事件是政府对恐怖事件监测失败的结果，美国政府加强信息获取和融合以便提高反应的准确性和实时性，其中主要挑战之一是来自美国和美国之外国家的数据的采集和融合，而且融合的核心是数据的共享和基于内容的集成，针对这些信息的不确定性和模糊性，利用贝叶斯网络方法考虑事件的各类影响因素，最后计算出事件发生的可能性。L. Alfieri、J. Thielen 分析目前欧盟极端暴雨预警时间很短，预警时事件已经发生了，针对欧盟强降雨事件，基于欧盟的气象学基础上，利用欧盟的气象学受限地区的整合猜测系统获取精准的天气预测，结合已发生暴雨灾害区域的集水面积等信息，计算出暴雨灾害的阈值。当达到预警点的值时，就可以预警潜在的暴雨事件。通过 45 个事件案例验证，暴雨事件预测准确率可达到 90%，平均提前 23 小时预测到事件可能发生。Carlette Nieland、Shahbaz Mushtaqz 针对澳大利亚内陆城市图文巴 2011 年 1 月严重的暴雨灾害突发事件，探讨预警系统的需求和效果，对图文巴四个区进行问卷调查获取收到暴雨预警信息的人数、如何预警以及灾后对预警的看法等信息，结果表明：发生暴雨灾害后没有预警信息，而且当地社区完全被淹没，通过改善和协同多源信息，确保能尽可能提前预警暴雨事件，降低暴雨导致的损失。Fi-John Chang、Pin-An Chen、Ying-Ray Lu 等认为城市防洪任务艰巨，为了降低洪水导致的损失，在线精确预测汛期洪水程度的模型建设显得非常必要，利用递归神经网络方法，通过实时多步水位预测应用于城市防洪。

裘江南、王延章、董磊磊将突发事件看作一个整体的系统，针对突发事件发生发展的不确定性和各阶段的特点，提出用于突发事件预测的贝叶斯网络模型的构建方法，根据各领域的专家知识和统计数据，结合不确定性推理对各类突发事件的主要状态与损失后果进行预测。最后以台风事件说明构建预测模型的可行性和有效性。陈昌源、牛佳伟、李殿鑫等对天津水域 2007—2013 年水上交通事故数据进行分析，利用加权灰色关联原理，挖掘事故发生类型、发生月份与事故总数的关联度和原因，对事故未来发展趋势进行预测，为海事主管部门提供参考。汤能见针对岩爆预测具有随机性和模糊性特征，选择引水隧洞的岩石脆性指数、单轴抗压强度与岩石抗拉强度之比、弹性变形能指数、岩石切向应力与单轴抗压强度之比并构建评价指标体系，采用熵权法确定各指标权重，构建基于熵-云耦合的岩爆预测模型，实现岩爆的预测，并验证该方法合理可行。

随着国内近些年城市型水灾害频发，对城市暴雨、内涝、积水预警等方面关注度加大，研究成果增多。杨大瀚、魏淑艳研究大城市自然灾害预警，针对我国大城市自然灾害特点，需要制定一套具有预防、警报功能的完整体系。根据应急管理阶段理论，将大城市自然灾害预警系统分为信息搜集、信息加工、决策、警报和咨询部分。并以北京"7·21"暴雨为例，分析大城市自然灾害应急管理预警系统在信息搜集、加工、决策、警报、咨询环节存在不同程度的问题，并通过维护搜集系统、增加校验环节、提高警报效果、完善咨询子系统等方法改进我国大城市自然灾害预警系统。陈鹏、张立峰、孙滢悦等依据自然灾害风险形成理论、区域灾害系统理论、灾害预警理论，构建城市暴雨积涝灾害风险预警理论、技术流程、指标体系及模型。基于风险评价基础上，针对城市承灾体特征，将传统的城市暴雨积涝灾害预警和风险评价结果相结合，实现了由单纯的天气预警向灾害风险综合预警转变，为城市应急管理部门进行城市暴雨积涝灾害应急管理、应急决策制定提供了依据和指导。王慧军、许映秋、谈英姿等基于对城市区域的网格划分，构建城市积水预警模型，在城市降雨量等数据基础上，构建城市积水预警模型，计算判断城市中可能出现的积水区域，提前告知相关部门采取相应的预控措施，减少城市灾害带来的损失。

1.3.2.2 突发事件的应急响应研究述评

国内外学者对突发事件发生后的阶段分析、信息传播周期、事件演化和研判分析、灾害关联等方面进行研究，同时引入管理和技术方面的理论和方法来支撑突发事件的应急响应。Nengcheng Chen、Wenying Du、Fan Song 等分析自然灾害事件存在预警和响应效率低下，其中主要原因是全生命周期的数据准备和信息支撑不力，基于元对象工具，结合洪灾方面业务知识，构建全生命周期自然灾害事件元模型，依照事件范式标记语言把构建的模型形成一个原型系统，并以 2010 年 7 月 16 日湖北梁子湖洪灾为例解释该模型的应用过程，在应急响应上效果显著，同时也可以应用到其他领域，为全生命周期信息共享和快速响应提供重要支撑。李勇建、王治莹、乔晓娇针对事件演进中的属性关联关系，从属性视角考虑应急决策现状，对多个案例分析后给出事件链结构化描述模型，并借助超图理论构建非常规突发事件链的超网络模型，针对节点、边以及网络关联度等进行评估，最后以 2008 年汶川大地震验证理论研究的有效性。梁小艳、庄亚明分析突发事件发生后的信息传播的生命周期特性，将传播过程划分为初生萌芽期、快速成长期、衰退死亡期三个阶段，基于遗传算法的贝叶斯网络对突发事件信息的生命阶段进行研判，构建完整的贝叶斯网络，并通过Netica 工具基于 60 起突发事件数据基础上，检验结果与实际值基本符合。佘廉、刘山云、吴国斌通过对中国水污染突发事件典型案例的演化过程的梳理，分析突发事件演化模型和阶段，将水污染突发事件的致灾因素、承灾体、孕灾环境和干预因素作为事件动力因素体系，以吉林石化水污染事件为例构建水污染突发事件演化模型，由于各种动力因素构成复杂相互作用系统，事件处理和应急管理转变为多目标应对问题，为政府突发事件监测预警和应急处置提供决策支撑。仲秋雁、路光、王宁利用突发事件知识元模型表示突发事件的共性知识，为了对突发事件更好地仿真，建立系统动力学变量与知识元模型之间关联，形成事件分析、结构分析、建立模型以及模型使用四个步骤，并以传染病突发事件为例说明仿真的过程和意义，有利于集成和验证各个领域突发事件研究的理论、技术和方法，推动突发事件领域知识融合研究。

Jian Chen、Arleen A. Hill、Lensyl D. Urbano 分析城市洪水变化多变，缺少高精度地形和水文数据，导致城市洪水淹没模型与河道和城市水灾害脱节，以城市中的大学校园为例来开发和测试基于 GIS 城市洪水淹没模型，该模型主要包括暴雨径流和淹没模型两部分，不仅要集成和计算降雨、泥土、干旱等采集数据，还要尽可能利用有效坐标数据、暴雨数据以及保险理赔数据来开发和验证模型，该模型是获得准确结果、高效执行、合理的输入和硬件要求的动态模型较好的选择之一，并在田纳西州进行实践应用。

对于城市型水灾害突发事件，国内外学者对洪水模拟、应急架构、信息共享、洪水淹没仿真模拟、信息服务以及规范标准等方面进行深入研究和探讨。刘铁忠、李海艳、李慧茹等针对灾害突发事件的社会敏感性后果重视不够的问题，选择贝叶斯网络对亨氏洪水 Na‐Tech 事件进行不确定性推理，构建城市洪水 Na‐Tech 事件演化模型，基于 1991—2012 年的城市洪水灾害案例，经过推理表面强政府弱社会的应急组织干预模式的救援效果较好，对政府和非政府组织的细化作用有待进一步研究。曾欢为了实现水灾害应急管理中资源优化配置，对灾情全面管理、全程监控和智能决策，根据长三角地区的实际情况，借助地理信息技术，提出水灾害应急管理信息系统建设思路和内容，系统主要由信息收集与管理子系统、应急决策指挥子系统、资源与后勤保障子系统、灾后救助与救援评估子系统组成，系统对防灾救灾全过程进行管理，对不同情况进行水灾害的救助和管理提供辅助决策。涂勇、何秉顺、李青等分析数据共享是山洪灾害防治过程中比较突出的问题，从山洪灾害数据共享需求入手，实现中央、省级、地市级、县级以及乡镇监测预警平台间的互联互通和信息共享、分析与实时雨水情数据、基础数据、山洪预警信息、气象信息、国土信息 6 种类型数据共享方式进行比较，提出加强山洪灾害数据共享的标准规范、网络通道、部门间数据共享等方面建设的建议。陈德清、陈子丹认为防汛信息系统应该以洪灾损失最小为总目标，明确防汛信息系统的组成和作用，主要由信息采集、信息传输、数据库及数据库管理、支撑平台、信息服务与应用五部分构成，各部分之间通过数据和信息相互联系，突出其防汛应急指挥和信息服务的功能，支持防汛决策过程的不同阶段。徐希涛、高磊、江浩等（2013）通过分析防汛信息特点，明确空间地理信息与防汛信息密不可分，将地理信息系统用于防汛信息采集、存储、管理、处理、检索、分析和展现，采用面向服务的体系架构的 WebGIS 技术，从数据层、服务层以及表现层三层架构防汛决策分析系统，为防汛决策提供有力的技术支持和保障。张振国、温家洪（2014）选取上海市普陀区金沙居委地区为研究对象，综合考虑暴雨内涝形成的自然和人为因素基础上，设定 4 种排水条件和 8 种自然重现期组合的 32 个暴雨内涝灾害情景，结合应用 PGIS 和情景分析方法对金沙居委地区暴雨内涝危险性进行模拟与分析，为城市社区尺度的暴雨灾害风险评价与应急管理提供决策依据。Shanghong Zhang、Baozhu Pan 分析目前城镇化和人类活动不断加快，导致城市频繁出现内涝和低洼地区淹没，由于暴雨仿真模型非常复杂，需要大量详细的地形、地表和地下数据，导致模型难以投入实际运行，为了通过常用的少量有效数据的输入来快速仿真城市淹没效果，在数据高程模型基础上，结合低洼点集水能力和地表径流构建基于 GIS 暴雨淹没模型，最后选择哈尔滨南岗区来验证构建的模型，结果表明通过少量有效数据能快速仿真城区淹没深度和区域，为城区内涝预防和处理提供决策支撑。Zhanming Wan、Yang Hong、Sadiq khan 等通过网络化基础设施来采集、组织、可视化和管理水灾害信息，利用 GIS 可视化水灾害事件，借助云计算和众包技术，实时采集和更新洪水信息，让民众参与到新的水灾害事件发现和上报中，为水灾害事件采集、分析处理提供一手数据支撑，有效降低灾害带来的损失。

1.3.3 突发事件相关资助基金项目

第一阶段是在我国非典突发事件发生以来到 2012 年，国家对四大类突发事件应急管理项目进行大力资助，这批资助项目侧重从宏观视角研究突发事件框架和应急管理体系。2009 年，国家自然科学基金委员会正式启动"非常规突发事件应急管理研究"重大研究计划，该项目共分三期，由基金委管理学部、信息学部、生命学部联合支持和管理。具体分为"集成项目""重点项目"以及"培育项目"。前两期已经资助了 50 项培育项目、11 项重点项目和 3 个集成平台项目。整个项目主要对非常规突发事件的信息处理与演化规律建模、非常规突发事件的应急决策理论、紧急状态下个体和群体的心理与行为反应规律三个核心科学问题展开研究。国家自然科学基金委员会分别在 2010 年和 2011 年启动了"非常规突发事件应急管理研究"之重大研究"计划集成升华平台集成项目"，2011 年重点支持物联网和云服务与非常规突发事件研究。截至 2012 年，分别重点支持了如下项目：张和平教授的"非常规突发事件应急处置的全过程动态评估模型";王廷章教授的"非常规突发事件演化分析和应对决策的支持模型集成原理与方法";李向阳教授的"非常规突发事件应急技术系统化集成原理与方法研究";韩传峰教授的"非常规突发事件处置模式及应急技术集成原理";孙金华教授的"非常规突发事件中大规模人群的心理反应、紧急疏散行为及其干预机制";汪秉宏教授的"非常规突发事件下恐慌群体行为分析与疏导研究";丁治明的"面向非常规突发事件主动感知与应急指挥的物联网技术与系统";方滨兴教授的"非常规突发事件在线应急感知、预警与危机情报导航的社会计算方法";周欣悦教授的"非常规突发事件下心理与行为的社会心理学及管理干预研究";张侃教授的"突发事件的群体心理反应特征、演化规律及管理干预";李仕明教授的"'情景—应对'型非常规突发事件演化规律动态评估预测模型与方法";黎建辉教授的"面向非常规突发事件应急管理的云服务体系和关键技术";韩传峰教授的"中国应急管理体系顶层设计原理方法与模式重构";赵秋红教授的"非常规突发事件应急管理体系的组织设计理论与系统评估方法";黄全义教授的"灾害性气象事件影响预评估理论与方法研究";谢晓非教授的"危机情境中个体与群体的身心互动效能模型"。国家社会科学基金对突发事件研究也非常重视,资助项目的数量从2008 年的 4 项增加为 2014 年的 14 项,国家社科基金项目主要有西南政法大学李珮主持"网络环境下突发事件传播与管理研究";解放军国防科学技术大学龙方成主持"重大突发事件网络舆情分析研判机制研究";广东外语外贸大学侯迎忠主持"突发事件中政府新闻发布效果评估体系建构研究"等。2008年度国家社科基金重大招标项目中有三项课题与突发事件有关,分别是北京师范大学张秀兰教授承担"重大自然灾害和重大突发公共事件应对新框架研究——基于汶川大地震的实证研究";国防大学王朝田教授承担"应对国家重大突发事件武装力量运用研究"以及北京交通大学郑新立和李孟刚教授承担"应对重大自然灾害与构建我国粮食安全保障体系对策研究"。2009 年国家社科基金重大招标项目中,邬江兴院士承担了社科重大课题"突发事件网络舆情演化模型和仿真系统研究";谢耘耕教授承担了社科重大课题"突发事件网络舆情预警指标体系研究";2011 年人民网股份有限公司官建文承担"突发公共事件舆情应对与效果评估信息平台建设研究";2012 年四川大学徐玖平教授承担"重特大灾害社会风险演化机理及应对决策研究"。

第二阶段是 2013 年至今,国家资助项目呈现对突发事件具体领域化、研究视角新颖化、研究成果实用化等特征。由原来研究广义上的突发事件转变到侧重宗教领域突发事件、网络突发事件、药品安全突发事件、群体性突发事件、环境污染群体性事件以及风暴潮灾害突发事件等具体类型突发事件的研究,从原来管理视角研究突发事件发散到从情报视角、新闻传播视角以及知识融合等多个创新视角，对突发事件预警和应对更具有针对性，对城市突发事件研究成果日益增多。2013—2016 年国家自然基金资助有关突发事件项目 63 项，例如 2013 年北京交通大学闫学东主持"突发事件下城市道路交通系统非常态演化机理及干预对策"；2013 年武汉大学潘伟"基于不同风险偏好的民航突发事件应急决策研究"；2014 年大连海事大学范厚明主持"北极航线通航环境评价及海上突发事件响应机制研究"；北京交通大学秦勇主持"突发事件下城市轨道交通路网客流动态估计与网络非均衡演化模型研究"；2015 年合肥工业大学朱克毓主持"大数据环境下公路网突发事件预警与应急决策研究"；清华大学李春平主持"基于位置信息的数据融合与群体突发事件预测关键技术"；上海海事大学张方伟主持"大都市主干道突发事件下临时交通隔离对刚性出行司机交通选择行为影响机理研究"。国家社科基金资助项目有：2013 年四川大学姚乐野主持"突发事件应急决策的快速响应情报体系——跨学科集成创新与实证研究"；2014 年南京航空航天大学魏建香主持"大数据环境下药品安全突发事件预警与应急管理研究"；2014 年湖南省社科院谢晶仁主持"网络突发事件的非对称性困境及其处置机制研究"；2015 年西南民族大学张明善主持"维稳反恐视角下藏区突发事件的应急管理及长效机制研究"；2016 年对外经济贸易大学李兵主持"大数据环境下突发事件多源情报融合研究"。相关的社科重大项目有：2013 年社科重大项目包括天津大学运迎霞主持"基于智慧技术的滨海大城市安全策略与综合防灾措施研究"；武汉大学李纲主持"智慧城市应急决策情报体系建设研究"；南京大学苏新宁主持"面向突发事件应急决策的快速响应情报体系研究"；中国人民大学陈力丹主持"微博微信公共事件与社会情绪共振机制研究"。2014 年社科重大项目包括北京航空航天大学杨立华主持"环境污染群体性事件及其处置机制研究"；中国海洋大学殷克东主持"中国沿海典型区域风暴潮灾害损失监测预警研究"；上海交通大学樊博主持"重大灾害时空规律及灾备资源布局的统计学研究"；天津大学王文俊主持"突发事件语义案例库建设与临机决策模式研究"；2015 年社科重大项目是武汉理工大学宋英华主持"基于情报流知识库的我国食品安全技术支撑体系优化策略研究"等。

1.4 城市型水灾害突发事件预警和响应实践应用

随着城市人口和财产密度不断增加，各国对城市灾害预警和响应越来越重视，尤其是对城市型水灾害突发事件预警和响应问题，已经有相应的产品和服务应对城市型水灾害突发事件，尽可能降低灾害的影响。

1.4.1 国外城市型水灾害预警和响应应用

国外城市型水灾害预警和相应方面应用相对比较成熟，已经形成完善的应用并初见成效，相应的应用软件不仅实现数据采集、传输和处理，而且分析功能比较全面，能为灾害预警和响应提供科学支撑。

美国已经建立比较完善的全国预警体系和系统，经历战争预警、广播预警、综合预警和整合预警四个发展阶段，目前形成一个与所有相关部门与机构协调和整合的公共预报与预警系统，预警功能扩展到自然灾害、事故灾难、公共卫生事件和恐怖袭击等各领域各种类型的突发事件，将美国民众视为最重要的服务对象，协同联邦应急管理署（FEMA）、联邦通讯委员会（FCC）、国土安全部科技委员会、商务部国家海洋与大气管理署（NOAA）下属的国家天气预报、白宫军事办公室、白宫通讯社、国土安全部等机构，及时警告与预警美国公民，保护民众生命与财产；为联邦、州、属地、部落和地方政府提供整合的服务能力，使其能够通过多种通讯方式警告与预警各自辖区内的社区；战略性目标是创建与维护整合互动的警告与预警环境，使警告与预警更加有效，以及增强预警系统基础设施恢复力，具有较强的开放性和兼容性。

美国 IBM 公司研发出 IBM Intelligent Water 提供全面理解水的态势感知，以提高决策支持、效率，降低水灾害的风险，实现一个集成不同数据源的平台，进行跨水生命周期的应用，借助大数据分析优化水利管理，提早预警，提高工作效率。

TIBCO 软件公司是世界上最大的独立业务整合软件公司，亦是领先的实时业务解决方案提供商。TIBCO 集成服务框架具有开放性、可扩展性和高可实施性等特点，能充分支持企业 SOA 架构业务设计实施的需求。数据采集、处理和分析都有非常成熟的平台和中间件，尤其是针对业务流程需求进行处理、数据的分析和展示，目前产品已经在纽约州突发事件预警和响应中应用，如图 1.1 所示为纽约州事件预警的软件界面。

1.4.2 我国城市型水灾害预警和响应应用

我国城市型水灾害预警和响应软件应用起步较晚，而且存在软件功能规范不统一、性能参差不齐等现状，已有软件功能只能实现数据采集、集成和处理，数据的分析和应用较薄弱。国家层面，我国最初启动"金水工程"，又称"国家防汛指挥系统工程"。计划用五年左右时间，搭建一个先进、实用、高效、可靠并且具有国际先进水平的国家防汛抗旱指挥系统。金水系统将覆盖 7 大江河重点防洪地区和易旱地区，能为各级防汛抗旱部门及时、准确地提供各类防汛抗旱信息，并能较准确地给出降雨、洪水和旱情的预测报告，为防洪抗

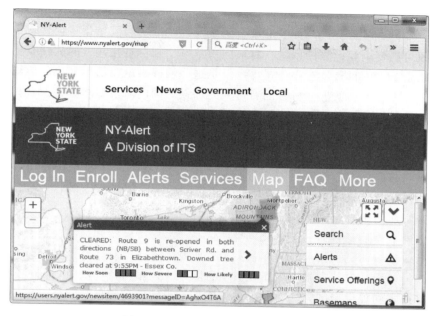

图 1.1　纽约州事件预警的软件界面

旱调度决策和指挥抢险救灾提供有力的技术支持和科学依据。金水工程在"九五"期间实现以下功能：

（1）全国水利系统初步实现了从水情雨情信息的采集、传输、接收、处理、监视到联机洪水预报，并在国家的防汛抗旱工作中逐步发挥了作用。

（2）在全国范围内初步建成了"国家水文基础数据库"和一些其他专业数据库。

（3）办公自动化的水平在逐步提高，一些单位已开始实行远程文件传输、公文管理和档案管理。目前部机关新一代的办公自动化和档案管理软件已经完成开发，正在进行人员培训，很快将投入运行。

（4）1995 年开始建设的全国实时水情传输计算机广域网，已连接全国重点防洪省市和流域机构的水文部门，在近年的防汛抗旱工作中发挥了显著的作用。1998 年的抗洪斗争中，在充分发挥全国实时水情计算机广域网作用的同时，还充分利用了国家应急通信系统，保障了国家防总对抗洪斗争的指挥调度。

（5）水利部和一些流域机构、省市水行政主管部门、科研院所和重点企业，已建立网站并进入了互联网络，向社会提供水利信息服务。

（6）覆盖全国的"国家防汛指挥系统工程"，已完成了总体设计，部分项目已付诸实施，目前正在对方案进行优化，积极争取整体立项。数据的分析和利用是下一阶段重点。城市层面，每个城市水利部门管理范围不全相同，而且业务流程也有各自特点，无法形成全国统一的城市水利信息化平台，基本上各自按照自己要求建设软件系统。目前国内从事水利信息化开发的软件有福建四创、北京金水中科科技有限公司等，但是这些软件侧重在信息采集、传输、业务处理等方面，在数据分析方面有待大力加强。国内城市型水灾害预警和响应应用基础较好的城市有常州、北京、深圳等，常州市水利局经过 5 年时间初步实现全市水利信息集成、业务自动化处理，并制定全市水利信息共享服务的规范，为水利数据分析奠定基础，下一步以城市型水灾害预警和响应为目标，加强数据分析和应用，提升灾害应急能力，降低灾害损失。

我国民政部国家减灾中心于 2002 年 4 月成立，2009 年 2 月加挂"民政部卫星减灾应用中心"牌子。2018 年 4 月转隶应急管理部"中心"主要承担减灾救灾的数据信息管理、灾害及风险评估、产品服务、空间科技应用、科学技术与政策法规研究、技术装备和救灾物资研发、宣传教育、培训和国际交流合作等职能，为政府减灾救灾工作提供信息服务、技术支持和决策咨询。目前通过国家减灾网提供全国天气、空气、水质、水雨情的预警信息。

2015 年 2 月，面向政府应急责任人和社会公众提供综合预警信息的权威发布机构，国家预警信息发布中心开始正式运行。预警中心已初步实现气象、海洋、地质灾害、森林草原火险、重污染天气等预警信息的发布，并与国家应急广播中心、中央电视台和多个省级电视台、人民网、新华网、三大通信运营商等多家单位实现对接。通过国家、省、市、县各级部门之间建立相互衔接、规范统一的信息传播网络，公众可以通过手机短信、网站、电视、广播、应急频道、微博、微信等渠道，及时收到预警信息。

从政府管理视角分析国内外城市型水灾害突发事件的关注程度，梳理各级单位对水灾害预警和应急响应采取的措施；从项目资助角度分析我国国家自然基金和国家社科基金资助突发事件相关项目，资助力度逐渐加强，对突发事件研究呈现领域化和具体化；从学界研究角度梳理突发事件应急管理体系、预警和应急响应以及突发事件知识组织等三方面研究成果；从企业界角度分析城市型水灾害突发事件预警和应急响应的应用实践。从多角度分析城市型水灾害突发事件研究和应用现状，为城市型突发事件预警和应急响应奠定基础，同时为提高预警精准性，提高应急响应效率等方面也提供借鉴和参考。

1.5　研究工作主要贡献

笔者重点以突发事件为研究对象，研究工作主要贡献体现在形成面向知识服务的知识组织框架体系，构建问题驱动的知识组织模式，构建组织—流程—

信息的突发事件情报分析三个方面。

1.5.1 构建面向知识服务的知识组织框架体系

针对用户需求明确知识组织目标、原则和要素，借助粒度原理，从系统角度宏观架构知识组织结构体系，融入用户需求，并通过知识获取与清洗、知识表示与规范、知识挖掘与推理、知识服务与实践等四个阶段实现知识的组织过程，形成一个不断持续改进和循环的知识组织链，使知识服务达到最大的满意度。

1.5.2 构建问题驱动的知识组织模式

为了解决传统先组式的知识组织针对性不强的问题，在当前大数据环境下，不仅关注知识如何提供给用户，还要关注用户问题的解答效果，只有这样才能使知识组织和应用更加完善和实用。因此，为了提高解答效果和针对性，要从宏观上架构问题驱动的知识组织，即以用户问题解决来引导知识组织的架构，借助粒度原理和知识单元来设计知识组织的逻辑和物理结构，以问题库、情景库、知识库、解答库、解答效果库等多库协同的知识仓库存储知识，以问题解答引导知识单元的创建、序化、关联和再生等知识组织过程，并以知识地图等可视化方式提供问题解答服务，最后通过解答和反馈完善和优化知识组织框架和过程，促进知识的应用和创新。宏观架构包括问题驱动获取和组织过程架构。

面向用户需求的问题驱动获取，不同文化程度、不同知识背景、不用职业的用户对知识需求不一样，应充分根据问题解答需求，按照不同需求和类型对问题进行组织，按照问题类别及特征等信息形成用户问题库，同时通过分析采集的各类问题，提取不同问题的共同特征和不同点，总体上将用户问题分为一般问题、重点问题以及创新问题三大类，并针对三类问题分别采取不同的问题解答过程，最终形成面向用户需求的问题驱动，为知识的组织提供导航。

宏观上知识组织过程包括知识组织的目标、原则、组成要素以及知识组织层次体系。以低成本的付出获得足够满意的解答为目标，以用户为中心的原则，以问题解答为驱动，组成问题解答提供方、知识资源、解答接收方、知识组织工具等四个知识组织要素，形成用户问题组织层、数据资源层、知识组织层和知识服务层四层知识组织层次体系，形成知识组织过程的总体设计。

1.5.3 构建组织—流程—信息的突发事件情报分析

以突发事件情报为主线，重新优化突发事件各环节，构建突发事件情报分析框架，通过提供有效的信息，为突发事件快速响应提供信息支撑。

突发事件情报分析框架是针对突发事件提供统一的综合分析平台，并将情报分析结果反馈给突发事件的情报服务平台。对于一个突发事件，首先需要根据突发事件分类相关规范要求形成突发事件分类分流模块，按照突发事件类别及其所涉及领域和经验等知识进行分类组织管理，分别形成自然灾害、事故灾难、公共卫生事件和社会安全事件四类突发事件知识库；其次，结合突发事件处理业务要求和组织结构设置，形成以突发事件情报为主线的处理流程，主要包括情报清洗和遴选、情报归类聚类组织、情报挖掘和研判分析等环节，通过突发事件业务流程逐步分析、提炼和转化，形成对应的突发事件信息流程；最后，按照规范格式将突发事件信息输出给情报服务系统。

第 2 章

城市型水灾害突发事件界定和要素分析

洪水灾害是最频发的自然灾害，严重影响国民经济发展，危害人民生命财产安全，破坏生态环境。随着现代经济的高速发展，对水利工程建设和管理要求日益提高的增加，城市面临洪水灾害的风险不断增大。为了更好地支撑城市型水灾害突发事件预警和应急响应，有必要界定城市水灾害突发事件概念，分析其组成要素，明确灾害过程中参与主体、客体及其互动关系，为城市型水灾害突发事件预警和应急响应提供基础。

2.1 城市型水灾害突发事件概念界定

随着全球经济一体化发展，城市化进程日益加快的同时，"城市病""城市灾害"等一系列问题凸显，尤其随着全球气候变暖，极端气候频繁出现，城市水灾害事件近几年剧增。国内外政府、学者和企业逐渐关注城市发展和城市灾害问题，但是对城市型水灾害概念一直没有统一起来。较早讨论城市灾害的是日本学者 Kawata Y，对城市自然灾害中的城市地震灾害特征和分类进行了探讨。日本长崎市遭遇单位小时降雨量最高达到 187mm，总降雨量达到 500mm 的暴雨灾难，这场暴雨灾害导致全国 299 人丧生，2 万多辆小汽车受损，23346 户进水，其中 1193 户房屋倒塌或损坏，交通、通信、电力等生命线系统完全陷入瘫痪。因大多数应急设备安置在地下室或者一层，不仅不能发挥其作用，反而徒增损失，使财产损失严重，人员伤亡数量极大。这次暴雨导致巨大灾害，引发人们开始关注城市的水灾害，因此人们开始使用"城市型水灾害"的概念，而当时水灾害都理解成流域性水灾害。例如，1998 年长江发生了自 1954 年以来的又一次全流域性大洪水；2007 年 7 月 18 日，山东济南暴雨突袭，几个小时的强降雨使得济南中心城市几成泽国，34 人死亡，117 人受伤，直接经济损失 12 亿元；2012 年 7 月 21 日北京暴雨，平均降雨量达到 164mm，79 人在暴雨中溺亡，全市经济损失近百亿元；同年 8 月 21 日江西南昌市暴雨，省政府所处地区降雨量达到 172mm，交通瘫痪，1 人死亡；2015 年 6 月 26 日常州暴雨，最大降雨量达到 247.4mm，受灾人口 365.71 万人，倒塌房屋 300 余间，受损房屋 400 余间，直接经济损失 61.359 亿元；2016 年 6 月 30 日，湖南省岳阳、常德、张家界等 9 市 172.7 万人受灾，7 人死亡，倒塌房屋 1943 间，直接经济损失 17.1 亿元；截至 2016 年 7 月 3 日，安徽宣城、六安、安庆等 10 市遭受水灾害，暴雨期间，安徽境内 25 条河流超警戒水位，8 条河流超保证水位，因灾死亡 18 人，失踪 4 人，直接经济损失 113.5 亿元。

随着城市的发展，城市范围内频繁遭受洪水灾害，逐渐引起人们对城市水灾害的重视和关注。遇桂春、胡兴民分析城市水灾害的人民生命财产等损失将会远远超过非城市地区的特点，同时还影响城市科学发展进程。可能对城市型水灾害突发事件重视程度不够，目前研究集中在城市型水灾害和突发事件两个方面，专门以城市型水灾害突发事件为研究对象的文献较少，《辞源》一书中，城市被解释为人口密集、工商业发达的地方。同时城市一类以人类活动为中心的社会—经济—自然复合生态系统，其中以水、土、气、生、能为主要因子构成的自然系统是支撑城市形成与发展的物质基础。"水"作为最活跃的生态要素之一，是地球的生命之源，也是城市的命脉。"水"是城市这个生命有机体的"血液"，只有保持城市血液循环系统，即城市防洪排水系统健康，水才能顺畅流动，城市生态系统才能正常代谢并健康运转。

世界上大多数城市都是依山傍水而立，沿江河湖海而建，因此，江（河）洪、海潮、山洪和泥石流等洪水灾害容易对城市构成直接的威胁，在当前气候变化异常和城市热岛效应比较明显的情况下，尤其近几年我国城市呈现"逢雨必涝"现象，这些城市水灾害突发事件呈现发展速度快、影响面积大、不确定性强等特征，导致常规方法难以有效应对这些突发事件，必须采取非常规方法来处理，所以这些城市水灾害具有突发事件的特征。城市灾害导致损失巨大，城市型水灾害突发事件日益受到重视，以城市型水灾害突发事件作为研究对象进行探讨显得尤其必要。

城市型水灾害突发事件主要是在城市范围内发生，由于暴雨、台风、山洪等气象和海洋灾害所导致城市短时间内积水和内涝，由于城市人口密集，经济活动强度大，内涝除了水淹浸泡的直接损失外，还造成交通电力中断、污染扩散、疾病传播、泥沙淤塞等各种次生灾害损失，甚至快速演变成公共卫生和社会性突发事件，严重影响城市正常运行秩序。

城市型水灾害突发事件涉及城市规划、城市排水、气象预报、应急管理等多个管理部门和领域，造成针对目前城市型水灾害突发事件预警滞后、响应不及时、灾后管理不到位等现状，凸显在预警和应对过程中信息共享和利用的问题，因此，本书试图从情报学的角度探讨城市型水灾害突发事件预警和快速响应。城市水灾害突发事件与流域性洪水灾害不同，现代城市水灾害具有复杂多样性、突发群发性、严重危害性以及周期性等特征，主要体现以下方面。

（1）复杂多样性。城市型水灾害突发事件涉及城市规划、排水、供水、公共交通等多个方面，同时突发事件具有高度的不确定性，导致城市型水灾害突发事件体现出复杂性和多样性等特征。首先是突发事件预警的复杂性。突发事件在什么时间、什么地点、以何种形式和规模暴发通常是无法提前预知的。有些自然灾害通过科技手段和经验知识，能够减少某些不确定因素，但是很难确定是哪些不确定因素造成的结果。其次是事态变化的不确定性。突发事件发生之后，由于信息不充分和时间紧迫，绝大多数情况的决策属于非程序化决策，响应人员与公众对形势的判断和具体的行动以及媒体的新闻报道，都会对事态的发展造成影响。许多不确定因素在随时发生变化，事态的发展也会随之出现变化。再次是突发事件管理的复杂性，由于城市型水灾害突发事件涉及多个城市管理部门，不同部门对事前预警、事中处理和事后总结不同阶段的要求也不同，导致相互之间协调配合效率没有达到预期要求，甚至出现重大配合失误，导致出现更大的损失。

（2）突发群发性。突发群发性主要是指城市型水灾害突发事件具有突发性和扩散性特点。突发性特点是指城市型水灾害突发事件突然发生或者准备不充分，绝大多数城市型水灾害突发事件是在人们缺乏充分准备的情况下发生的，使人们的正常生活受到影响，使社会的有序发展受到干扰。由于事发突然，首先，人们在心理上没有做好充分的思想准备，会产生烦躁、不安、恐惧等情绪；其次，社会在资源上没有做好充分的保障准备，需要临时调集各类应急资源；最后，管理者在措施上没有做好充分的设计准备，必须针对具体情况制定处置措施。虽然有些突发事件存在着发生征兆和预警的可能，但由于真实发生的时间和地点难以准确预见，同样具有突发性。扩散性特点是指城市型水灾害突发事件衍化和传播非常快。随着社会的进步和现代交通与通信技术的发展，地区、地域和全球一体化的进程在不断加快，相互之间的依赖性更为突出，使得突发事件造成的影响不再仅仅局限于发生地，会通过内在联系引发跨地区的扩散和传播，波及其他地域，形成更为广泛的影响。同时衍化为群体性、其他次生灾害等事件。

（3）严重危害性。1978年以前，中国城市化进程缓慢，虽然水灾害发生频率较高为5.8次/年，但是水灾害造成的经济损失和人员灾害较低。自改革开放以后，国民经济高速增长，城市化水平飞速提高，呈现出小城镇迅速扩张、人口就地城市化的特点。高速的城市化进程，也带来了一系列的问题，以城市水灾害为主的多类突发事件频繁发生，且每次发生都会导致数以亿计的经济损失和较多的人口伤亡。例如：北京 7.21 水灾直接经济损失近百亿元，死亡 79 人；济南 7.18 水灾，直接经济损失 12 亿元，死亡 34 人。因此城市型水灾害突发事件的危害性日益增强，主要包括对公众生命造成的危害、对财产造成的损失、对各种环境产生破坏、对社会秩序造成紊乱和对公众心理造成障碍等多方面。在危害发生后，由于人们缺乏各方面的充分准备，难免出现人员伤亡和财产损失，造成自然环境、生态环境、生活环境和社会环境的破坏，打乱社会秩序的正常运行节奏，引发公众心理的不安、烦躁和恐慌情绪。如果对突发事件的处置不当或不及时，可能还会带来经济危机、社会危机和政治危机，造成难以预计的不良后果。

　　（4）周期性。不同类型的突发事件都具有基本相同的生存过程，城市型水灾害突发事件也一样经历潜伏期、暴发期、影响期和结束期四个阶段的生命周期。潜伏期一般具有较长的时间，在此期间突发事件处于质变前的一个量的积累过程，待量积累至一定的程度后，便处于一触即发的状态，一旦"导火索"被引燃，就会立即暴发出来，给社会带来危害；暴发期是突发事件发生质变后的一个能量宣泄过程，此阶段一般持续时间比较短而猛烈，受导火索的触发，潜伏期逐步积累起来的能量通过一定的形式快速释放，产生巨大的破坏力，给整个社会带来不同程度的危害；影响期是在突发事件暴发之后，由此造成的灾难还在持续产生作用，破坏力还在延续的阶段。许多情况下，影响期与暴发期之间没有明显的界线划分，两者是交叉重叠的；突发事件的危害和影响得到控制之后进入结束期。这一时期按照不同的标准会有不同的结论。从管理的角度出发，可以以社会恢复正常运行状态为结束标志；从过程的角度出发，可以以危害和影响完全消除作为结束标志。

2.2　城市型水灾害突发事件类型

　　我国陆地地形分为平原、高原、山地、丘陵、盆地五类，在不同地形上的城市中，面临城市型水灾害突发事件不同，例如，山地地区的城市面临泥石流、塌方等水灾害，平原地区的城市大多面临内涝的水灾害。为了加强城市所面临水灾害的针对性，将城市分为傍山型、滨江湖型、滨海型以及洼地型四类，同样对应这四类城市型水灾害突发事件。

　　（1）傍山城市型水灾害突发事件。

　　傍山型城市位于山口冲击扇或山麓，在降雨量较大时容易形成泥石流、滑坡等灾害。例如，重庆市依山而建，道路高低不平，位于中梁山和铜锣山之间，嘉陵江和长江流经的河谷、台地、丘陵地带。地表切割强烈，沟壑纵横，地势起伏较大，巨大的高差使得境内的水流具有巨大的势能，活动能力较强；地貌类型以中丘、低丘和缓丘为主，平坦地形狭小坡地面积大，它是城区的主要地形，这种地貌背景有利于洪涝灾害的形成和发展。当各支流连降暴雨时，洪峰同时向下游移动，到大江河交汇处相遇引起洪灾，并具有较强的破坏力。

（2）滨江湖城市型水灾害突发事件。

滨江湖型城市位于沿江或者湖滨，我国大多城市位于湖泊和江河，在这些城市的暴雨可能导致山洪暴发，江河溃决、冲毁房屋、铁路、桥梁、公路，容易引发泥石流、塌方，造成交通阻塞，还淹没田野，可造成严重的生命财产损失和人身损害。拥有"百湖之市"的武汉是典型的滨湖型城市，在正常水位时，湖泊水面面积803.17平方千米，居中国城市首位。汤逊湖是中国最大的城中湖（面积达47.6平方千米），面积33.9平方千米的东湖在中心城区退居第二，梁子湖是中国生态保护最好的两个内陆湖泊之一。但是近几年武汉连续发生城市内涝灾害，2010年6日至8日，武汉市大部地区出现大到暴雨、局部大暴雨，造成232.2万人受灾，其中咸丰县1人因灾失踪，随州市曾都区1人因灾死亡。2011年6月18日，武汉城区降水量达到193.6毫米，堪比15个东湖水量，整座城市变成一个"水上世界"。这场长达20多个小时的大暴雨，让武汉城市排水系统不堪重负，致武汉82处路段不同程度渍水，市内徐东大道、建设大道、唐家墩路等多条主干路出现渍水堵塞，导致车辆无法正常行驶，交通几近瘫痪。武汉市气象台为此一天内连续发布3次暴雨黄色预警。随后在2013年、2014年、2016年武汉年年都遭受城市内涝灾害。

（3）滨海城市型水灾害突发事件。

滨海型城市位于海滨，拥有一定海岸线，对于海洋有依赖背景和发展牵连，由于地区沉降、台风等因素，往往导致内涝灾害。例如，上海市的洪涝灾害一般有两种情况：第一，地区暴雨型。每年6—9月多暴雨，多次暴雨或长历时暴雨后，河道宣泄不及，河道水高涨，农田内涝、城镇街巷积水。若发生流域性洪水，经太湖排洪主要通道——黄浦江下泄的洪水直接影响青松低洼地区的防汛安全。第二，风暴潮型。主要由热带风暴或台风造成，风雨大作，并在天文潮的基础上形成高潮位，直接威胁沿东海海塘和黄浦江下游段的防汛安全。

（4）洼地城市型水灾害突发事件。

洼地型城市建于低洼地区或排水困难地区，城市排水设施不足，容易导致城市内涝，有些城市降雨量稍大就成灾。例如，吐鲁番市位于新疆中东部，天山东部山间盆地，面临的洪水主要是天山冰雪融水导致洪水泛滥。

2.3 城市型水灾害突发事件组织要素

为了更好地预警和快速响应城市型水灾害突发事件，提高事件中信息流通和共享利用，将城市型水灾害突发事件组成要素分为组织机构、情报、人和技术。

2.3.1 组织机构

组织机构是突发事件的组织保障，我国已经建立国家应急管理工作组织体系，新组建国家应急管理部，国家防汛抗旱总指挥部作为议事机构，按照《中华人民共和国防洪法》《中华人民共和国防汛条例》《中华人民共和国抗旱条例》和国务院"三定方案"的规定，国家防汛抗旱总指挥部在国务院领导下，负责领导组织全国的防汛抗旱工作。还有国务院有关部门组成的工作机构，地方各级人民政府构成的地方机构，各个领域的专家组成的专家组。对于城市型水灾害突发事件主要由城市应急管理局牵头、市委农工办、供电公司、发展改革委、经信委、住建局、环保局、财政局、电信公司、交通运输局、工商局、公安局等职能部门、所管辖区（市）、专家组、社会组织等构成，由市防汛防旱指挥部办公室协助应急管理局处理防汛防旱突发事件，其中，水利（务）局职责是负责市防汛防旱指挥部办公室日常事务和防汛排涝抗旱工程的行业管理，主要包括以下内容：

（1）组织防汛值班，提供雨情、水情、旱情及水情预报，搞好旱涝等灾情信息的上传下达，做好水源调度。

（2）组织防汛及水毁工程的修复，制定抗灾工程措施。

（3）制定防汛防旱抗灾所需经费、物资、设备、油电方案。

（4）负责城市防洪。

（5）督促指导排涝设施的检查维修和运行管理。

（6）组织好排涝设施配件的供应。

（7）检查指导和督促排涝机电工的岗位责任制的落实。

其他部门也都有相应职责，为了做好城市型水灾害突发事件组织保障，在组织上保障突发事件信息畅通，组织架构时也要重新考虑信息共享和利用，形成如图2.1所示城市型水灾害突发事件组织框架，这种框架有利于突发事件信息流通和利用，城市型水灾害突发事件管理部门是市防汛防旱指挥部，一般设在市水利（务）局，负责总体指挥和调度；市科技情报所和领域专家负责提供技术指导；各成员单位负责提供排水、交通等各方面协调配合，由管辖区、市—乡镇、街道—村、社区组成三级实施组织结构，完成事前预警、事中处理和事后总结三个阶段中各类任务。如表 2.1 所示成员单位职责，对于不同城市成员单位名称可能不完全相同，但一定是整合全市资源以全力应对城市型水灾害预警和快速响应。

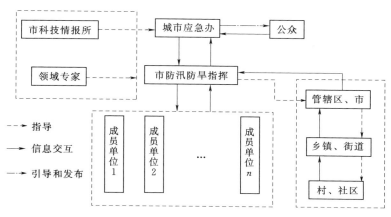

图 2.1 城市型水灾害突发事件组织框架

表 2.1   成 员 单 位 职 责

成员单位	职 责 描 述
气象局、水文站	负责气象、雨情、水情测报，在汛情紧张时根据市防指要求，增加测报密度
环保局	掌握有害有毒物资存放地点，协助保证储存、转运安全，汛情发展时，督查有关单位做好转移等项工作，监测污染源和被污染水体，制定和指导水污染防治和处理方案并进行检查督促
市委农工办	负责协调组织指导农村防汛防旱和抗灾生产自救
供电公司	及时抓好输变电线路的维修和新建排涝站的增容、接线工作，按照市防指要求，做好排涝抗旱用电调度
发展改革委、经信委	检查督促落实城区及工商企业防洪设施建设，统筹协调全市防汛防旱所需能源物资
住建局	配合水务部门抓好城市防汛，负责城区排水管网的检查维修和疏通，确保雨后街道无积水；负责协调指导城区在建工程采取防汛措施，协调指导城郊结合部落实防汛度汛方案
财政局	负责及时安排和调拨防汛防旱及抢险救灾所需的经费，并监督使用
电信公司	采取切实有效措施，确保通讯畅通，及时、准确、安全传递水情、雨情、险情、灾情和气象等防汛防旱的各种信息
交通运输局	负责抢险救灾物资调运的协调组织工作；按照清障要求，协同做好清除河道行水障碍；汛情紧张时，负责水上限速航行、停航，协助公安部门抓好陆上交通安全管理，保证汛期抢险救灾车船优先通行
工商局	负责防汛抢险期间市场经营秩序，打击欺诈违法行为，确保防汛器材顺利调度

成员单位	职　责　描　述
粮食局	负责汛期粮食市场的调控，确保供应充足，不因出现灾情影响群众生活
公安局	负责维持防汛抢险秩序，加强汛期治安管理，确保汛期治安稳定和车辆畅通；依法打击偷抢防汛防旱物资、破坏防汛防旱设施和阻碍依法执行防汛防旱险救灾公务等各种违法犯罪行为，协助做好水事纠纷的调处；根据汛情发展，协调组织城乡居民因灾撤离和转移，保护人民群众生命安全及国家、集体、群众的财产安全；协助做好河湖清障工作
农业、林牧部门	及时掌握灾害情况，负责农业、多种经营的防灾、减灾、救灾及灾后的生产自救工作
水产局	灌溉期和排涝期负责拆除引水和行洪河道上的鱼网、鱼籪；负责督促鱼池的开口滞涝
农机局	协助做好防汛抗旱社会动力的调度使用，协助做好排涝设施的维修和运行管理
国土局	负责清除圩堤上的和其他影响圩堤安全的小土窑等违章设施；负责抢险地段取用土源的协调等；协调做好城区（含新城区）防汛工作
民政局	及时了解、掌握和核实灾情，并按程序上报，组织开展救灾，处理灾后事宜
卫生局	负责抗灾期间城乡饮用水源的消毒处理；抓好灾期灾区的卫生防疫；确保抗灾中伤病人员的及时救治
人武部	负责建立以民兵、预备役官兵为主体的抢险救灾队伍，组织抢险演练，出现险情时及时投入抢险救灾；负责申报对阻水滞涝障碍物进行爆破的有关手续，并具体实施
安全生产监督局	负责汛期全市安全生产监督管理及处理突发性事件，重点加强汛期施工的工程安全的监督
宣传部门	利用各种新闻媒体，发挥舆论导向作用，普及防汛防旱知识，提高全民防汛防旱、抢险意识，及时报道险情、灾情和抗灾的经验
城管局	协助做好城区防汛工作和城区灾民安置，维护城区社会稳定
所管辖市（区）	协助做好城区防汛、灾民安置和卫生防疫

2.3.2　情报

情报就是城市型突发事件事前预警、事中处理和事后总结等过程中所涉及各类有价值的信息。情报重点分为常规状态和应急状态两大类，在常规状态下，主要目的是监测和预警潜在的城市型水灾害突发事件，包括城市水文信息、气象信息、舆情信息等；在应急状态下，主要目的是对城市型水灾害突发事件快速响应，需要快速采集城市水灾害动态业务监测信息、灾害情景信息、公众舆情信息、应急预案信息、专家指导意见等，为快速高效响应突发事件做好信息保障。

2.3.3 人

人是城市型水灾害突发事件的关键要素，主要包括事件管理者、受灾群体、社会公众、情报人员四大类，如表2.2所示城市型水灾害人员分类，按照各自相应的职责来协作，预警和应对城市型水灾害突发事件。

表 2.2   城市型水灾害人员分类

人员类别	主 要 组 成	职 责 要 求
事件管理者	应急中心、成员单位各级管理人员	负责事件日常监测、应急情况下预警和快速响应组织管理
受灾群体	受灾群众	及时把受灾情况上报应急管理部门
社会公众	网民、市民	传播灾害真实情况，避免散步谣言
情报人员	市防汛防旱指挥部各成员信息管理员	负责城市型水灾害突发事件信息采集、处理和整理分析

2.3.4 技术

技术是城市型水灾害突发事件预警和快速响应的有效手段。特别是在大数据环境下，传统手工管理模式效率低下日益凸显，需要借助当前信息采集、处理、分析和展示等各类技术进行管理信息采集技术包括传感器采集和Web信息采集技术，例如，Web网页爬虫技术JSpider是一个在GPL许可下发行的，高度可配置的，可定制的网络爬虫引擎；信息处理技术有文本处理技术、视频分析技术、洪水预报技术等。需要将这些技术融合到突发事件应急处理过程中，为可靠的分析决策提供技术保障。

2.4 城市型水灾害突发事件情报要素

从组织管理视角分析城市型水灾害突发事件组织要素后，针对目前突发事件信息流通和利用效率不高的现状，要想实现安全预警和快速响应的目标，需要重视情报在突发事件中的作用，因此有必要分析城市型水灾害突发事件的情报要素，明确城市型水灾害突发事件的情报提供者、情报接收者、情报内容以及情报流通过程等内容，反过来优化城市型水灾害突发事件组织架构，提升综合应急能力。

城市型水灾害突发事件在事前、事中、事后环节中涉及多个部门不同的人员，这些人员都要采集或者利用不同的水灾害突发事件信息，其中情报采集和应用涉及多个不同部门。目前国内城市大多已经成立防汛应急指挥方面的组织机构，但这些机构重点集中在水利局、建设局、气象局、水文局、财政局、经信委、医院、电视台、民政局等全市不同业务部门，侧重部门之间横向沟通和协同，而城市水灾害情报只能作为水利信息进行传达和共享，例如水文和气象信息共享、灾情信息统计等只是水灾害情报收集部分，对于水利信息综合处理和关联分析方面非常缺乏，不能为城市水灾害应急决策提供科学依据，导致水灾害应急决策存在盲目性和主观性。

从系统视角出发，将城市型水灾害突发事件情报采集、处理和分析看作一个整体系统，按照情报提供、处理、分析和应用等环节构建城市型水灾害突发事件情报要素，为城市水灾害快速应急响应提供科学决策依据，从而最大限度降低灾害带来的损失。结合目前国内外文献，将城市水灾害突发事件分析系统分为情报提供方、情报接收方、情报分析和处理、水灾害专家知识资源、协作机制和情报分析情景五大类。图 2.2 所示为城市型水灾害突发事件的情报要素组成图。

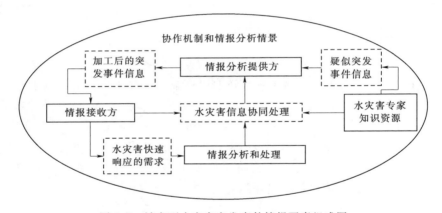

图 2.2　城市型水灾害突发事件情报要素组成图

其中情报分析提供方主要包括水利局、建设局、气象局、水文局、应急中心等水灾害涉及的政府部门和城市市民大众，为水灾害突发事件提供不同层面和不同时间的信息；情报接收方主要包括城市应急中心、应急领导小组、水利局等水灾害涉及的政府部门，同时向城市大众公布水灾害突发事件进展状态信息；情报分析和处理主要是借助情报分析理论和相应方法基础上，结合水灾害突发事件应急响应需求和已有信息现状，分析水灾害突发事件处理方案和对策；水灾害专家知识资源主要包括积累的水灾害突发事件基础知识和该领域专家知识，为水灾害突发事件快速响应提供决策支撑；协同机制和情报分析情景主要包括跨部门信息推送和共享流程，同时结合水灾害突发事件当时的情景进行细微调整和优化情报流程。

本章在突发事件概念基础上，详细分析城市型水灾害突发事件特点，并给出城市型水灾害突发事件的概念，分析该类突发事件的特征，并从管理视角和情报视角分析城市型水灾害突发事件的组织要素和情报要素，明确城市型水灾害突发事件研究的对象，按照城市地形不同分为傍山、滨江湖、滨海以及洼地四类城市型水灾害突发事件，透析其组成的要素，为城市型水灾害突发事件安全预警和快速响应奠定坚实的基础。

第 3 章

城市型水灾害突发事件预警和应急决策体系

针对城市水灾害突发事件特点，按照事前预警、事中处理、事后评价等过程，以快速响应为目的，以城市型水灾害为基，以多源数据融合和分析为纲，结合信息生命周期形成城市水灾害突发事件预警和应急决策框架，凸显突发事件事前预警、事中应急响应以及事后总结评价等阶段中多源信息采集、信息的关联处理、有效情报产生，借助情报分析方法和新的技术手段，实现事前预警准备、事中形势研判和快速应对、事后总结分析，针对不同阶段形成信息输入—处理分析—报告或情报生成，为城市水灾害突发事件快速响应提供科学信息支撑。

3.1 城市型水灾害突发事件预警和应急决策框架

为了更好地预警城市型水灾害突发事件，首先要明确突发事件预警在突发事件整个阶段的位置，还要考虑其前后相关联的阶段，通常将突发事件分为事前预警、事中响应、事后总结以及常规事件四个管理阶段，如图 3.1 突发事件循环管理阶段所示，突发事件预警阶段处在常规事件的平静阶段和灾害后应急处理响应阶段之间。

突发事件循环管理阶段同样适用于城市型水灾害突发事件，同样城市型水灾害突发事件也可以分为常规状态事件监测阶段、预警分析阶段、事中应急处理阶段以及事后恢复总结阶段，而预警分析阶段和事中应急处理阶段是城市型水灾害突发事件快速响应的关键环节，本专著重点探讨城市型水灾害事前预警和事中应急处理两个阶段。

城市型水灾害突发事件事前预警阶段也处在常规事件阶段和事中应急处理阶段之间，预警是指在灾害或灾难以及其他需要提防的危险发生之前，根据以往的总结的规律或观测得到的可能性前兆，向相关部门发出紧急信号，报告危险情况，以避免危害在不知情或准备不足的情况下发生，从而最大限度地减轻

图 3.1 突发事件循环管理阶段

危害所造成的损失的行为。通过对常规事件的监测，监测分析达到预警条件就转入事件预警阶段。例如，江苏常州大运河钟楼闸水位警戒水位为 4.3 米，如果水位达到或超过警戒水位，就要发布蓝色预警信号，告知相关部门要充分准备洪灾应急处理。

城市型水灾害突发事件应急决策处于事后应急处理阶段，在应急环境下，需要快速做出科学决策。不同的决策行为往往会产生不同的决策效果。突发事件情景下的应急决策是一个多阶段、多主体、多层级的适应性动态演进过程。当今城市化进程日益加快，越来越多的水灾害突发事件具有突然性、复杂性、多样性、连锁性、集中性、严重性、放大性等"非常规"特征，形成机理不确定，演变过程错综复杂，影响后果更加严重，难以用传统的常规方式进行识别、研判、决策和处置。因此，突发事件应急决策的目标是在尽可能获得充分的突发事件信息的前提下，缩短决策时滞和决策质差，即在尽可能短的时间内迅速有效地做出各种与实际情况相符的正确决策，从而采取各种有效的应急处置措施，降低突发事件造成或可能造成的资源损失或消耗。

虽然城市型突发事件预警和应急响应位于不同阶段，但不能孤立分析预警和应急响应，而是从整个突发事件循环周期的视角来分析城市型水灾害突发事件的预警和应急响应，只有这样，才能更好地实现事前预警和事中应急处理的预期目标。针对预警和应急响应的任务要求，结合城市型水灾害突发事件特征，注重各个阶段中信息流动和有价值信息产生过程，形成如图 3.2 所示城市型水灾害突发事件预警和应急响应总体框架。

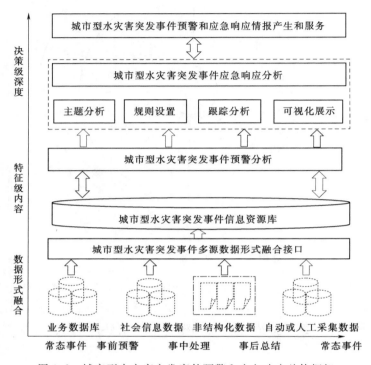

图 3.2　城市型水灾害突发事件预警和应急响应总体框架

　　在城市型水灾害突发事件预警和应急响应总体框架中，侧重事件过程中信息采集、分析处理以及共享应用，探讨突发事件中信息管理和信息服务内容，尤其是各类信息加工程度不同，其产生的效果也不同。从城市型水灾害突发事件阶段和信息融合程度两个维度架构预警和应急响应框架，首先在突发事件信息采集和组织基础上，可以形成城市型突发事件业务数据库、社会信息数据库、非结构数据以及手工或者自动采集的数据等多种来源和多种结构的数据，针对城市型水灾害突发事件应急信息分析的任务要求，借助技术手段将这些信息规范后形成城市型水灾害突发事件信息资源库；其次，针对城市型突发事件常态事件、事前预警、事中处理和事后总结等阶段的不同要求，对突发事件进行关联和相似分析，挖掘历史城市型突发事件的潜在特征规律、应急处理规律、灾害损失规律等，为当前突发事件应急响应提供借鉴和参考；针对突发事件各阶段急需快速处理的问题，从突发事件预警、处理和跟踪多角度分析问题的解决方案，结合城市型突发事件领域的经验知识，给出问题的最优解答，形成有价值的突发事件情报，支撑突发事件研判和处理，并将产生的突发事件新的情报以服务方式推送到突发事件各级管理和决策部门。为了充分挖掘和利用城市型水灾害突发事件各类数据，进行数据形式融合、特征级内容和决策级深度三个层次的融合，为事前预警、事中处理以及事后总结等不同阶段的信息分析提供系统性思路，注重多部门协调联动的动态实时过程。

3.1.1 城市型水灾害突发事件预警

城市型水灾害突发事件预警目的是事前介入，为了告知人们可能出现的城市型水灾害事件或事件的恶化状态，提前采取一些有效的措施把可能发生的突发事件或是可能恶化的事态扼杀在摇篮状态。

3.1.1.1 预警要求

城市型水灾害突发事件预警要求是要收集城市型水灾害预警征兆信息，参考历史灾害数据进行分析，充分考虑城市当前情景，借助数据分析方法和工具进行多角度分析，形成城市型水灾害突发事件预警及对策报告，预警信息包括城市型水灾害突发事件预警信息发布机关、发布时间、可能发生的突发事件类别、起始时间、可能影响范围、预警级别、警示事项、事态发展、相关措施、咨询电话等，并及时将预警信息发送给城市水灾害相关管理部门，便于城市应急管理部门及时发布警报信息，根据对策信息预先采取有效应对措施。

3.1.1.2 预警过程

城市型水灾害突发事件预警的原理是预警管理人员依据预警目标确立不同的预警监测指标和监测指标标准，并用这些标准对预警管理对象实施控制，通过预警机构或人员获得的检测信息，将预警管理人员对预警指标的实际情况反馈回去，为预警管理人员实施预控对策提供参照依据。管理人员将反馈回来的信息与预警目标加以比较之后，根据两者的差距，纠正标准、改善措施，重新开始新一轮的预警控制过程。通过这样一轮一轮的连续不断的调整、控制，预警管理中的预先控制得以实现，最终使系统的实际计划逼近计划预警目标，从而使管理对象始终处于安全状态之中。因此突发事件的预警需要有相应的组织机构和工作程序做前提，从意识上要重视，在相应的法律法规保障下，需要有相应的信息管理和信息服务做支持，才能达到预警的要求。

为了提高预警的准确性、提前预警的时间，信息获取和预警分析至关重要，特别是要明确城市型水灾害突发事件预警涉及的相关信息、预警的目的、预警分析过程以及预警报告等，从信息采集、传输、处理、分析以及有价值预警信息的产生全周期和系统角度构建如图3.3所示城市型水灾害突发事件预警框架。

在图3.3中都处于突发事件事前阶段，主要包括常态事件监测、事件预警

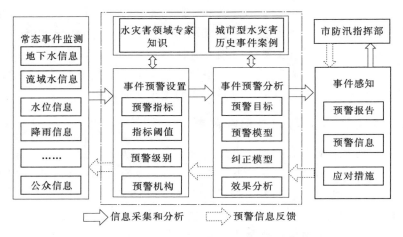

图 3.3　城市型水灾害突发事件预警框架

分析以及事件感知三部分。为了达到更加精准的预测效果，尽早感知潜在的城市型水灾害突发事件，需要识别潜在的城市水灾害风险。目前国家气象局国家突发事件预警信息发布网提供信息粒度较大，难以为城市型水灾害突发事件提供有效预警，所以需要考虑城市的具体因素，在常态下需要防患于未然，需要监测城市型水灾害突发事件潜在因素，例如监测地下水水位、流域、城区河道水位、降雨等监测信息，同时还要监测公众舆情等社会信息。事件预警过程中主要包括事件预警设置和事件预警分析两部分，是事件预警的核心环节，直接影响预警的效果，事件预警设置完成预警指标设定、指标阈值设置、预警级别设置以及预警机构设置等；事件预警分析是针对预警目标，借助统计分析方法和数据分析方法构建预警模型，并通过历史水灾害突发事件案例进行多次修正和完善，对预警分析的结果进行分析。事件感知就是预警输出部分，将事件预警分析的结果按照规范格式形成预警报告、预警信息，并提供相应的应对措施，同时上报到城市防汛指挥部。

3.1.2　城市型水灾害突发事件事中应急响应

在事前预警过程中先期处置未能有效控制事态，导致突发事件已经发生时，应直接进入事中处理阶段，这时需要及时应对和响应。根据《国家防汛抗旱应急预案》，国家防总抗旱应急响应机制共分为四级，最高级别为一级，最低级别为四级。有防汛抗旱任务的县级以上地方人民政府设立防汛抗旱指挥部，在上级防汛抗旱指挥机构和本级人民政府的领导下，组织和指挥本地区的防汛抗旱工作。防汛抗旱指挥部由本级政府和有关部门、当地驻军、人民武装部负责人等组成，其办事机构设在同级水行政主管部门，即城市防汛防旱指挥部。

3.1.2.1 应急响应要求

城市型水灾害突发事件应急响应要求城市多部门共同协作，打破原有领导体系和工作秩序的非常态下的紧急应对，并采取有效措施控制事件进一步恶化发展，即需要按照城市型水灾害突发事件应急预案建立新的领导体系和工作秩序，并在共同遵循原则的前提下，在应急状态下，充分融合各类水灾害突发事件采集信息、预警信息、事件情景等，以数据分析技术和方法为手段，以事件信息分析和挖掘为核心，促进有价值应对信息的快速生成，同时及时反馈和完善应急响应策略，形成城市水灾害突发事件应急响应报告。

3.1.2.2 应急响应过程

应急响应是由事前预警阶段进入事中处理阶段，涉及城市水灾害相关部门和人员、受灾群体以及公众等，多方都参与到事件应急响应中。参与方多、涉及信息量大、分析处理时间紧、应急响应要求快等是应急响应过程中的突出特点，因此应急响应过程的组织和分析显得尤为重要。整个应急响应过程最高指挥部门是城市防汛防旱指挥部，城市应急管理局、当地驻军、人民武装部等形成一个应急响应小组，充分采集、利用、共享传感器信息和业务信息，积极响应、明确分工、部门协调、有效处置来应对城市型水灾害突发事件。

积极响应，这是应对城市型水灾害突发事件的第一步，是能否有效应对的前提条件。积极响应的原则要求在接到启动应急预案、要求按应急预案的响应级别响应的第一时间快速作出反应：获取事件状态和应急信息、启动部门应急预案、相关领导到达指定指挥位置、应急分队到达事件现场。

明确分工，这是根据不同的城市水灾害响应等级和事发状态的需要，按照应急预案中的分工，独立负责地实施紧急应对。充分分析和利用事件应急过程信息，分为信息保障、战略决策、应对实施等多个小组，明确所有的情况有人应对、所有的现场有人到达、所有的事态有人控制、所有的保障有人供给。做到事事有人做，人人有事做，忙而不乱、有条不紊，避免有事无人做、有人无事做，应对挤堆和应对盲区的现象出现。

部门协调，这是城市型水灾害突发事件的应对是在非常态下进行的，涉及城市的多个部门，部门间的配合尤显重要。在应对过程中，部门间原有的职能分工有可能被打破，原有的工作职责可能需要重新组合，事件的现场只有在城市防汛防旱指挥部统一指挥和协调下应对，参与应对的所有部门应该配合成为一个整体，保持信息充分共享和及时沟通。突发事件的发生和事态发展的瞬息万变，许多时候应急预案无法预料、应急预案中的方案无法满足应对，需要应急指挥中心根据整个事态的变化进行全面协调，也需要相关人员根据现场的情况进行局部协调，避免因部门间的己职与彼职之争或推卸，影响应对突发事件的大局。

有效处置，这是在应对城市型水灾害突发事件过程中的执行环节，要求所有参与突发事件应对的部门依据各自的法定职责开展工作，要求所有参与应对的人员按照法定的程序履行职责，并及时反馈处置过程中的各类信息，以便及时优化和调整处置手段。要求所有的数据经法定技术机构检验鉴定才可以发布。

图 3.4 所示为城市型水灾害突发事件应急响应框架，在城市型水灾害突发事件应急响应信息利用和共享机制下，按照应急响应输入、应急信息分析以及应急响应输出三部分来展开。在应急响应之前，需要构建完善应急组织管理，同时需要利用积累相关城市型水灾害突发事件应急响应案例、灾害领域知识、数据分析方法和模型等，为应急响应提供数据和方法保障，当接收到预警信息并确认启动突发事件应急响应时，进入突发事件事中处理阶段。首先需要采集应急任务、各类应急信息、应急情景等多源事件信息，重点包括水灾害突发事件业务信息和社会信息，经过清洗和规范化后进入应急分析过程中，借助数据分析方法和模型对城市型水灾害突发事件相关信息进行关联分析、研判分析以及跟踪分析，挖掘突发事件潜在关联和演化规律，生成应对响应任务的应急响应输出，包括应急反馈、应急预案和应急措施，为城市型水灾害突发事件应急响应提供可靠和科学的决策。

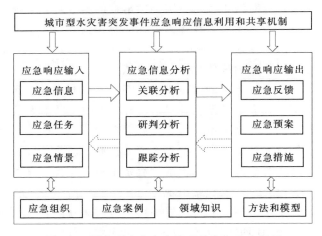

图 3.4　城市型水灾害突发事件应急响应框架

3.2　情报分析方法

在城市型水灾害突发事件预警和应急响应过程中，数据、信息和情报分析是核心部分，需要借助多种情报分析方法来构建模型、分析结果，因此有必要明确情报分析方法。

传统突发事件分析大多借助传统情报周期理论，对每个阶段情报的职能和结构进行详细描述，但没有描述情报流程。50 年前，汽车生产"周期"看起来很像传统的情报周期，首先销售人员对新式汽车提出要求，设计人员根据要求拿出设计方案并提交给生产部门，生产部门重组工厂设备后，经过很长的生产线后生产出汽车，最后由销售队伍向顾客出售，形成一个完整的周期，没有任何人对最终的结果负责。但是今天的汽车生产是一种多信息融合的团队行动，市场调查人员、销售人员、设计人员和生产人员、用户代表等都要参与新款汽车生产全过程，通过复杂的、互动的、协作的、社交的过程生产出质量更高的、更符合市场需求的产品。在突发事件中的情报生产比汽车制造更为复杂，尤其是信息融合和情报分析部分。

在大数据环境下，要从海量数据中获取有价值的信息，不仅要借助情报分析方法，而且要综合利用情报分析方法服务情报分析和决策。在情报研究中需要或可能用到的方法都属于情报方法研究范畴，不管这些方法来自情报学科，还是来自于其他学科，只要有利于应急响应的分析，都值得我们去发现、探索、改进与梳理。情报方法按照来源可分为两个大类：一类是借鉴其他学科的方法，如趋势外推法、时间序列法、关联规则方法等；一类是学科特有的方法，如引文分析方法、空白点分析法、非相关文献知识发现方法等。

美国《国防部军事与相关术语词典》认为：情报分析是通过对全源数据进行综合、评估、分析和解读，将处理过的信息转化为情报以满足已知或预期用户需求的过程。

3.2.1　情报分析方法的形式

情报分析方法从形式上表现为模型、算法、指标等。模型包括总体框架类模型与数学模型，例如，SWOT 分析方法其实就是一种分析框架，这些框架类模型提供一种宏观的指导思路与框架，但是在具体求解问题时，则需要使用针对性的数学模型与算法。算法是某些情报分析方法的具体体现，一旦到算法阶段，说明方法具有很强的可操作性。有些方法则表现为面向评价或预测设计的指标及指标体系，如 H 指数、竞争力评价体系等。

基于超图的事件类型识别方法，指通过事件超图描述事件元素间的多元有序关系，并利用事件超图模型描述在不同观测层面的属性及其结构，最后通过事件的属性和结构计算事件相似度。

3.2.2　情报分析方法的三个层面

关于情报方法研究有三个层面：第一个层面是提出新的方法；第二个层面

是改进或移植现有的方法；第三个层面是对现有的杂多方法进行梳理总结，使之规范化、流程化。提出一种新的方法，是每一位情报学研究人员都梦寐以求的，当然这种难度是比较大的。改进或移植其他学科的方法，这一点人们已经做得非常多，只不过对这种改进或移植的机制缺乏深入的研究，今后应该特别关注将这些方法引到本学科，并探索如何针对学科特点进一步改进与发展那些方法。对现有的方法进行梳理总结，有利于深入了解情报实践、提高情报工作效率、提升情报产品质量。

情报分析方法主要是服务于事前预测、事中处理、事后分析全过程，在不同过程中选择最适用和有效的方法，形成情报分析方法体系，其核心是"快速响应"为目标，完善情报分析的逻辑过程，形成"确定目标—问题分解—建立模型—评估数据—填充模型—进行预测"的情报分析流程，而每个流程中需要借助不同情报分析方法，这些不同方法之间需要相互协调和交互。如针对城市内涝的突发事件，为了快速响应，需要借助防洪仿真分析、气象信息分析、城市水文信息分析、排水信息分析等，融合多种情报分析方法，最后形成适用不同行业或者类型突发事件的快速响应。常用的应急响应情报分析方法详细描述见第 3 章 3.2.3 节，可以结合一种或者多种情报分析方法的优势进行集成和重组，在实际情报分析过程中往往采用多种分析方法集成的模式，为有效的应急应情报产生提供方法支撑。

3.2.3　常用的情报分析方法

（1）德尔菲法。德尔菲法也称专家调查法，是一种采用通信方式分别将所需解决的问题单独发送到各个专家手中，征询意见，然后汇总全部专家的意见，并整理出综合意见。随后将该综合意见和预测问题再分别反馈给专家，再次征询意见，各专家依据综合意见修改自己原有的意见，然后再汇总。这样多次反复，逐步取得比较一致的预测结果的决策方法。

（2）内容分析法。内容分析法是一种对文献内容作客观系统的定量分析的专门方法，其目的是弄清或测验文献中本质性的事实和趋势，揭示文献所含有的隐性情报内容，对事物发展作情报预测。它实际上是一种半定量研究方法，其基本做法是把媒介上的文字、非量化的有交流价值的信息转化为定量的数据，建立有意义的类目分解交流内容，并以此来分析信息的某些特征。

（3）文献调研法。文献调研法就是通过寻找文献搜集被调研对象信息的一种情报研究方法，调研的文献类型包括：国家统计局和各级地方统计部门定期发布的统计公报、定期出版的各类统计年鉴；各政府部门、各行业协会和联合会提供的定期或不定期的信息公报；国内外有关报刊、杂志、电视等大众传播媒介；各种国际组织、外国驻华使馆、国外政府部门等提供的定期或不定期的报告或交流信息；国内外各种博览会、交易会、展销订货会等营销性会议，以及专业性、学术性会议上所发放的文件和资料；各级政府部门公布的有关市场的政策法规；研究机构、高等院校发表的学术论文和调查报告等。

（4）文献计量方法。文献计量方法是利用统计学方法对特定研究领域的相关文献特征进行统计分析，用数据来描述或解释文献的数据特征和变化规律，从而达到情报研究的目的。文献计量的对象包括：出版物统计、科学术语统计、著者统计、引证文献和被引证文献的统计等。

（5）专利分析法。专利分析法是对专利说明书、专利公报中大量零碎的专利信息进行分析、加工、组合，并利用统计学方法和技巧使这些信息转化为具有总揽全局及预测功能的竞争情报，从而为企业的技术、产品及服务开发中的决策提供参考。专利分析不仅是企业争夺专利的前提，更能为企业发展其技术策略，评估竞争对手提供有用的情报。

（6）标准分析法。标准分析法是对标准说明、时间、代码等中大量零碎的信息进行分析、加工、组合，并利用统计学方法和数学模型使这些信息转化为具有总揽全局及预测功能的竞争情报，从而为企业的技术、产品及服务开发中的决策提供参考。标准分析不仅是科研机构、企业技术创新的前提，更能为企业发展策略，进入国际市场、技术创新、提高产品竞争力、增强国际竞争力提供有用的竞争情报和决策情报。

（7）基于关联规则的方法。基于规则的方法是指由相关领域的专家制定分类的规则，规则一般是代表某类别的特征，自动将符合规则的文档划分到相应的类别。此类方法不需要训练集，但分类的质量依赖于领域专家，因此，规则制定要具有全面性、代表性和科学性。虽然规则模板可以随时修改，比较方便灵活，但随着类别规模增大，需要的规则数量就会不断增多，那么规则的维护就会变得越来越困难，包括关联分析法等方法。

（8）基于统计的方法。基于统计的方法主要是在训练统计的基础上进行学习，形成分类模型，进而进行分类测试。因此此类方法操作简单方便，但需要提供训练集，训练集的数据与质量对分类的性能有很大的影响。目前，基于统计的分类方法主要有：K 最近邻（K‐Nearest Neighbor，KNN）、支持向量机、朴素贝叶斯、神经网络等。

（9）信息抽取方法。信息是情报分析的基础，信息抽取方法是从多源信息源中获取所需信息的方法，针对不同数据源、不同主题需要选择相应的抽取方法。例如，针对网页信息，可以采用基于网页模版的方法、基于 DOM 树结构等文本信息抽取方法。

3.3　城市型水灾害突发事件情报分析过程

在城市型水灾害突发事件预警和应急决策框架下，情报分析是事前预警和事中处理的核心，虽然我国各城市都设立城市防汛防旱指挥部作为城市水灾害突发事件的组织和管理机构，但是在突发事件预警和处理过程存在信息报送单一、协作沟通不畅、信息采集缺乏持续性等问题，导致应对城市型水灾害突发事件的各类信息杂乱和支撑决策的信息严重匮乏。通过对突发事件事前、事中、事后等过程进行重新梳理和优化，发现很多问题，如对突发事件各类信息采集、传播、处理和分析等环节缺乏主线，城市型水灾害突发事件各类信息鱼目混杂，突发事件组织结构和信息分离，出现信息流动不畅甚至停滞，难以有效对事件预警和为事件处理决策提供有效的支撑。因此，为了提高预警和应急决策效果，需要以城市水灾害突发事件情报为主线，疏通事件情报流通，明确信息来龙去脉，约定信息权属和共享范围，形成城市型水灾害突发事件流畅的情报分析过程，为城市型水灾害突发事件预警和应急决策提供信息支撑。

城市型水灾害突发事件情报分析过程是紧扣事件预警和应急决策需求前提下，进行常态事件调查和监测、事前预警、事中处理和救援、事后总结等过程，尤其需明确这些过程中各类信息的流入、交换以及流出。对于城市型水灾害突发事件，首先需要根据突发事件分类相关规范要求形成自然灾害突发事件分类分流模块，按照自然灾害突发事件类别及其所涉及城市洪涝领域和经验等知识进行分类组织管理，分别形成降雨内涝型、流域洪水型、水库堤防决口型、山洪型四类城市型水灾害突发事件；其次，结合城市型水灾害突发事件处理业务要求和组织结构设置，形成水灾害突发事件情报为主线的处理流程，主要包括情报采集、清洗和遴选、情报归类聚类等预警分析、情报挖掘和研判等应急响应分析等环节，通过水灾害突发事件业务流程逐步分析、提炼和转化，形成对应的城市型水灾害突发事件信息流程；最后，按照规范格式将城市型水灾害突发事件预警和应急决策信息及时传输给情报服务系统，以服务的方式提供给相应管理部门和公众，图 3.5 所示为城市型水灾害突发事件情报分析过程。

3.3.1　城市型水灾害突发事件业务流程

城市型水灾害突发事件原有业务流程以组织机构为节点，大多城市都有城市防汛防旱指挥部作为事件应急响应的组织结构，一般只有在水灾害突发事件发生时才启动工作，其他时间几乎停滞，充当一个应急组织的角色。因此基本无法对水灾害突发事件进行事前预警，对突发事件事中处理也显得乏力。究其

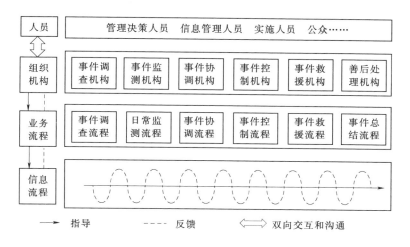

图 3.5 城市型水灾害突发事件情报分析过程

原因，主要在于城市防汛防旱指挥部由城市不同部门组成，各个组织机构之间缺乏有效沟通，缺乏对突发事件信息的采集、监测和处理分析。结合城市型水灾害突发事件组织机构设置，针对水灾害预警和应急决策的要求对突发事件业务流程进行优化，首先可通过对采集的突发事件情报进行采集和清洗，然后利用知识组织理论和方法对突发事件情报进行归类和聚类组织处理，再次通过情报分析方法对突发事件情报进行深度挖掘和加工，形成初步水灾害突发事件的情报分析报告，包括预警报告和应急响应报告等，最后通过水灾害领域专家完善情报分析报告，以服务的方式提供给管理部门或者公众，图 3.6 所示为城市型水灾害突发事件业务优化后的流程，实现对突发事件进行实时信息监测和采集，为突发事件事前预警和事中响应提供必要的数据支撑。

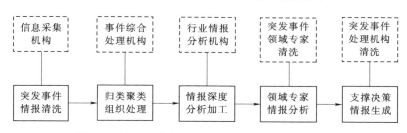

图 3.6 城市型水灾害突发事件业务优化后的流程

3.3.2 城市型水灾害突发事件信息流程

城市型水灾害突发事件信息处理和加工流程如图 3.7 所示，是在其业务流程要求下实现信息传播和处理分析的过程，在大数据中采集疑似城市型水灾害突发事件信息，不仅包括城市水雨情信息、气象信息等，还包括城市土地规划、排水系统信息等城市建设信息，对于多源异构的水灾害突发事件信息，需要通过清洗其中噪声和杂乱信息后得到较规范的水灾害突发事件信息，然后对预警和应急响应要求进行信息的整序后形成可供分析的数据仓库和知识库，结合情报分析方法形成支撑城市型水灾害突发事件预警和快速响应，形成科学的预警报告和应急响应的预案，最后通过城市水灾害领域专家对分析成果进行论证和优化后形成最终的城市型水灾害预警和应急决策报告。

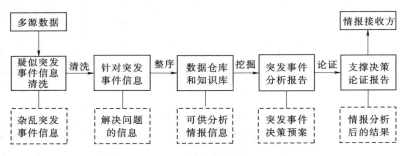

图 3.7　城市型水灾害突发事件信息处理和加工流程

本章从宏观上架构城市型水灾害突发事件预警和应急决策体系，按照突发事件的生命周期，从预警和应急响应两个核心过程展开，侧重过程中信息输入、处理以及输出等信息流动和利用过程，注重信息利用和共享。在预警过程中侧重利用各类信息尽早准确获取突发事件可能发生的征兆，以预警报告信息展现；在应急响应过程中侧重利用已获取各类信息分析和挖掘出有价值的应急响应信息，形成应急响应报告，针对城市型水灾害突发事件预警和应急响应的要求，阐述其组织业务流程和信息流程情报分析过程，明确在预警和应急响应过程中需要借助各类情报分析方法对各类信息进行采集、清洗、挖掘加工和输出等过程，促进支撑事件预警和应急响应的信息产生，更好地服务城市型水灾害突发事件预警和应急决策。

第 4 章

城市型水灾害突发事件信息采集和组织

数据和信息是突发事件预警和应急响应的基础，因此城市型水灾害突发事件信息采集是预警和快速响应的关键环节，首先要针对预警和应急响应数据需求，尽可能全面采集城市水灾害突发事件涉及相关信息，包括传感器数据、业务数据、公众舆论、统计年鉴等。

4.1 城市型水灾害突发事件信息采集和组织框架

信息采集和组织贯穿突发事件每个阶段，但每个阶段的侧重点不同，为了有效支撑城市型水灾害突发事件预警和应急响应，针对事前预警和事中处理不同的阶段，从问题解决角度来总体规划突发事件信息的采集和组织，明确信息采集的要求和任务，在原有资源驱动组织水灾害领域知识基础上，以问题驱动城市型水灾害突发事件信息的组织，对城市型水灾害突发事件领域知识、用户问题、业务信息、舆情信息、情景信息等多源异构数据进行采集和去噪，并按照一定格式规范突发事件信息的表示，通过突发事件信息有序化和知识化促进突发事件信息的组织，同时明确各类信息安全管理和共享利用机制，把信息精准推动到需要加工或者处理的用户手中，形成城市型水灾害突发事件知识库，为预警和应急决策提供信息组织的支撑。城市型水灾害突发事件信息采集和组织框架如图 4.1 所示。

针对各类多源异构城市型水灾害突发事件数据，例如水灾害领域知识、水灾害突发事件业务数据、舆情数据、水灾害突发事件预防和应急响应问题、各类情景数据等，为了合理利用这些数据，在信息安全管理和共享利用机制下，根据城市防汛防旱指挥部机构职能和业务流程要求，明确信息来源、共享群体、传输过程等。首先针对城市型水灾害突发事件要求制定水雨情自动采集水位和雨量数据、大江大河预报信息、突发事件案例信息、微博公众舆情等，还可能包括跨部门的数据，如气象、民政等相关部门数据，对于多源异构信息需

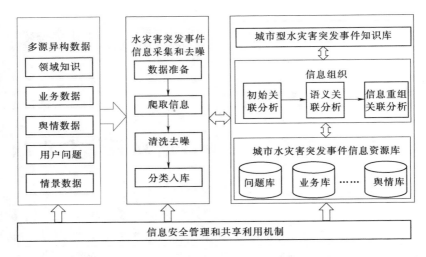

图 4.1　城市型水灾害突发事件信息采集和组织框架

要规范化处理，形成突发事件信息采集规范。其次，针对预警和应急响应的问题要求对采集来的数据进行针对性组织，借助知识组织方法和理论，形成城市水灾害突发事件信息资源库和知识库。信息采集和去噪方案，指充分准备数据要求和来源后，借助各类自动、半自动爬取工具，同时配以人工审核校对来获取水灾害突发事件原始信息，并对这些信息进行清洗，剔除干扰数据，按照自动监测数据、事件案例数据、公众舆情数据、用户问题数据、应急情景数据等分类，按照城市型水灾害突发事件信息规范以结构化和非结构化等多种形式入库，形成城市型水灾害突发事件信息资源库。另外，用户问题分为一般问题、复杂问题以及创新问题，对信息资源库进行初步关联分析、语义关联分析以及信息重组关联分析，形成城市型水灾害突发事件知识库，可以为事件预警和快速响应提供信息和决策支撑。

4.2　城市型水灾害突发事件信息采集

　　城市型水灾害突发事件信息采集是预警和应急响应的信息基础，由于城市是一个复杂系统，所以城市型水灾害突发事件具有信息量大、范围广、结构复杂等特点，而且预警和应急决策中信息存在信息不对称、不及时和不准确的问题，为了使得信息采集能满足预警和应急决策的要求，不仅要按照一定的信息采集原则，还要总体规范信息采集流程，对涉及城市型水灾害突发事件的政务信息、公众信息进行分类采集，形成城市型水灾害突发事件信息采集库。

4.2.1　信息采集的原则

针对城市型水灾害突发事件信息特征，以预警和应急决策信息需求为导向，按照以下原则进行信息采集。

（1）关键性原则。在信息采集时尽可能提供关键信息给突发事件管理和决策者，而不必苛求信息的完整性、全面性。由于城市型水灾害的形成及其态势的发展具有很大的未知性和不确定性，故各类信息随着事态的发展而不断演变，管理者和决策者不可能完全掌握突发事件所有的态势信息，所以要尽可能采集到城市型水灾害突发事件的关键信息。

（2）时效性原则。在信息采集时尽可能缩小采集信息提供给决策者的时间滞后差，只有及时反映事件发展的最新情况，才能最大程度发挥采集信息的效用。通常情况下，突发事件信息从事件现场传递给管理者或决策者时，需要经过一些中介处理环节，因此，信息传递到最高决策者时可能出现滞后，还有信息提取、加工、传输过程也需要时间，因此，在信息采集和传输各个环节中要尽可能地缩小信息的时间滞后差，把一手信息尽可能快地传递到管理者或决策者手里。

（3）准确性原则。在采集各类城市型水灾害突发事件信息时，尽可能避免信息失真，只有确保信息的准确性和有效性，才能有效支撑突发事件的预警和决策。在信息采集过程中，信息经过采集输入、传输以及输出的过程，首先要从源头上采集准确的突发事件信息，把明显错误或者失真的信息直接剔除，所以尽可能选择政府官网或者科研机构提供的信息，以确保信息来源安全可靠；其次要避免信息在传递和反馈的过程中可能会造成信息失真。

4.2.2　采集信息的分类

在大数据时代，对于海量的城市型水灾害突发事件信息需要分类采集，按照信息来源可分为 Web 网络信息、数据库、纸质、移动设备等，其中 Web 网络信息主要是网络舆情等公众信息来源，数据库主要是业务、政务信息数据来源，移动设备主要是空间数据、视音频数据来源；按照形式可以将信息分为结构化数据、文本数据、视频数据、音频数据以及纸质等；按照内容可以将信息分为城市型水灾害突发事件问题信息、政务信息、领域知识以及公众信息等，为了更好地实现突发事件预警和应急响应，重点对按照内容分类的信息进行详细阐述。

4.2.2.1　问题信息

在城市型水灾害突发事件预警和应急决策过程中，管理者和决策者会碰到各种各样的问题，从问题的性质可以分为"是什么，为什么，怎么样和是谁的"，从过程可以分为"问原因，问结果，问过程，问结论，问应用等"，从改变问题的条件可以分为"和某事物比较，问相同点和不同点，问变化，问趋势等"，从事物的不同属性可以分为"问颜色，问性状，问性质等"，从问题的连续性可以分为"追问，质疑，反思等"。对于这些问题的有效解答是预警和应急响应的关键，因此将这些不同用户的问题进行用户问题采集，然后提取用户问题的特征并进行分类，将用户问题分为一般问题、重点问题以及创新问题。例如，对于常州城区三井河东泵站，当内河水位达到 3m 时，是否开启机组排水，泵站管理员提出这个问题属于一般问题，只需要将内河实时水位和设定的排水水位比较，如果大于设定排水水位就需要开启排水机组，否则不用开启。2016 年 10 月 26 日凌晨起，常州市普降大雨，局部暴雨，截至 11 时 15 分，大运河三堡街水位超出警戒水位，且呈快速上涨趋势。在这种情形下，对于是否启动常州市城市防洪大包围的问题就是一个重点问题，涉及内容多，解答过程复杂。对于如何有效预防城市型水灾害突发事件，事件发生可能性有多大，并没有现成的参考依据，需要结合城市现状，利用统计分析方法和工具，重新创建一个预警模型来预测突发事件发生的可能性、严重程度等，这些问题无法直接通过组织现有信息来解答，需要重新组织形成新的预警模型，通过重组后的新知识来解答这类创新问题。

4.2.2.2 政务信息

城市型水灾害突发事件涉及的政务信息是城市政务活动中反映政务工作及其相关事物的情报、情况、资料、数据、图表、文字材料和音像材料等的总称。政务信息应当同时符合三个条件，一是由城市政府机关掌握的信息，即由城市政府机关合法产生、采集和整合的；二是与经济、社会管理和公共服务相关的信息；三是由特定载体所反映的内容。政务信息具有及时性、真实性、准确性、时效性以及权威性等特点，因此，政务信息是城市型水灾害突发事件预警和应急响应的重要信息支撑。

由于政务信息分布在城市不同的政府机构，例如水利信息分布在水利管理部门，空间数据信息分布在规划部门等，而大数据时代要求打破城市中信息孤岛，实现信息共享和互通，做到跨时间、跨学科、跨组织、跨部门、跨地域、跨系统、跨平台、跨数据结构等要求，因此，政务信息采集需要遵守广度要大、向度要准、精度要高、真度要强、融度要深和速度要快的六个原则。

目前城市政务信息大多以电子信息呈现，2007 年国家发布政府信息目录资源体系分类和组织系列国家标准，政务信息资源目录是按照信息资源分类体系或其他方式对政务信息资源核心元数据的有序排列。政务信息资源核心元数据是描述政务信息资源各种属性和特征数据的基本集合，包括政务信息资源的内容信息（例如摘要、分类等）、管理信息（例如负责单位等）、获取方式信息

（例如在线获取方式、离线获取方式等）。通过政务信息资源核心元数据的描述，政务信息资源目录使用者能够准确地了解和掌握信息资源的基本概况，发现和定位所需要的政务信息资源。例如中央气象台发布雷达图信息，可以通过接口调用直接获取常州的雷达图，并作为政务信息存放到城市型水灾害突发事件信息资源库中，图 4.2 所示为中央气象台提供的 2016 年 11 月 27 日 23 时 31 分的常州雷达图。

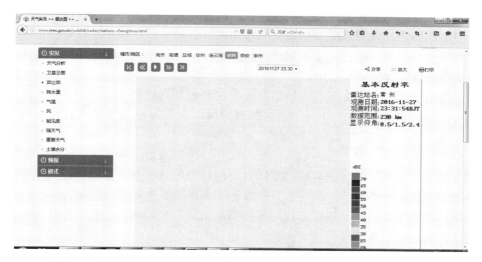

图 4.2　中央气象台提供的 2016 年 11 月 27 日 23 时 31 分的常州雷达图

在查找信息资源的过程中，从不同的角度来看，使用者对政务信息资源的分类方式也会不同。因此，相同的政务信息资源核心元数据按照不同的分类标准或者分类方式排列，在表现上形成了不同的目录树结构，但是从目录树所展现的内容上来讲，都是描述政务信息资源的核心元数据。

4.2.2.3　领域知识

领域知识是知识的一种，知识是人类认识的成果和结晶。知识借助于一定的语言形式或物化为某种劳动成果的形式，可以交流和传递到下一代，成为知识的归宿。领域知识主要侧重城市型水灾害突发事件相关知识，以隐性和显性形式体现。为了提供领域知识采集和积累的针对性，按照城市型水灾害突发事件涉及的领域来获取相关知识，主要包括城市应急管理、水灾害领域、数据分析和挖掘等方面的知识，随着社会和城市发展，将对这些知识不断完善和补充。

城市应急管理知识主要包括突发事件管理框架、管理体系和机制、应急管理模型、智慧城市建设管理体系等方面知识。这些知识主要以国内外文献资料、专著、标准规范等形式存在。例如，Azmeri、Iwan K. Hadihardaja、Rika

Vadiya 研究印度尼西亚山区小流域地区山洪危险区识别，分析山洪灾害影响因素包括河流密度、洪峰、塘坝、山坡、坡面稳定性以及水库库容等，借助地理信息系统展现该区山洪风险信息，构建山洪预警系统，为研究机构和政府在降低山洪灾害方面提供支撑。范维澄院士等从管理视角提出突发事件应急管理平台建设框架和预警分级模型。宋英华、王容天将危机周期理论引入到突发事件应急管理中，构建基于危机周期的突发事件全面应急管理机制。

水灾害领域知识主要包括城市水文监测和预报、气象监测和预报、灾害统计等方面知识，例如，随着暴雨对城市威胁日益增强，在气象、住建等部门地联合推进下，全国已有 102 个城市修订完成暴雨强度公式，形成各个城市修订后的暴雨强度公式。

数据分析和挖掘主要各类数据分析方法和模型，特别是应用与水灾害突发事件的方法和模型。以 2012 年美国桑迪飓风为例，通过采集基于社交媒体网站推特（Twitter）以及相关数据库的信息，通过数据分析和挖掘方法对采集数据进行编码、分类、处理以及分析等操作，发现灾前准备、灾害发生、灾害响应和灾后应对等主题随时间、空间发展的趋势等特征，并通过构建回归模型等方法发现推特信息的数量与人口规模和著名的地标性区域显著相关，个人属性如教育程度、年龄、性别等也对推特信息数量产生影响。为社交媒体大数据信息的挖掘和分析支撑识别灾害发生、应急响应灾害。在预警和应急响应过程中使用贝叶斯网络、神经网络方法、关联分析方法等，可以借助现有数据分析和方法基础来解决城市型水灾害突发事件中的问题。

4.2.2.4 公众信息

公众信息不仅包括广泛存在于各类网站、微博、微信等舆情信息，还包括城市公开的信息，例如，城市地理空间信息基础设施包括地理空间数据、共享服务技术等，城市基础空间数据主要由市规划信息中心提供，而很多其他部门同时也积累了大量的和本部门业务相关的专题空间数据，例如环保局的环境专题数据、交通局的交通专题数据、房管局的房屋产权数据、国土资源局的地籍数据等。常州市通过 API 接口实现公众空间信息数据和服务的调用，图 4.3 所示为常州政府数据开放平台界面，通过该界面可以获取常州城市空间信息、标注信息等。

公众舆情信息大多以文本、图片、视音频等非结构化格式为主，所以给公众信息采集带来很多困难。例如，北京"7·21"暴雨的部分公众舆情信息：网友"天使替我-Aini"：其实世界上还是好人多，老天无情，北京有爱，感谢雨中那些无名的英雄们。网友"刘-书含"：北京是座温暖的城市，大水无情人有情。相信我们的爱能渡过难关。网友"静禅方丈"：61 年来最大暴雨让北京精神彰显无遗，北京人内心的那份善良让人感动。

图 4.3 常州政府数据开放平台界面

4.2.3 信息的采集流程

要获取城市型水灾害突发事件信息，主要通过信息的采集流程来实现，信息采集流程直接影响获取信息的速度和质量，对于不同类型的信息，采集流程不尽相同，因此需要针对采集的信息选择相应的采集方法。在构建信息的采集流程时，不仅需针对用户各类需求进行采集，而且还要考虑这些信息可能的分析用途，也就是说还要从分析级角度来进行信息的采集，尽可能获取有助于事件预警和应急响应的信息，摒弃噪声信息。首先结合城市型水灾害突发事件以及情景来制定采集需求，然后选择信息采集源头，最后制定采集方案，输出采集结果，同时根据采集结果不断完善和优化需求、数据源以及采集方案，图4.4所示为城市型水灾害突发事件信息采集流程。

为了更好地解释信息的采集流程，重点对政务信息和公众信息两类信息采集流程进行阐述。

4.2.3.1 政务信息采集流程

政务信息涵盖城市规划、水利、气象、民政、建设、科技等多个部门，也有同一部门内部不同机构之间的信息获取。首先要针对城市型水灾害突发事件预警和应急响应信息需求，分析目前城市各部门能够提供信息资源，获取城市资源现状和信息的需求；在此基础上确定采集对象和范围，主要包括城市各部门网站公开政务信息和业务系统中的信息，例如，通过与市气象局获取气象监

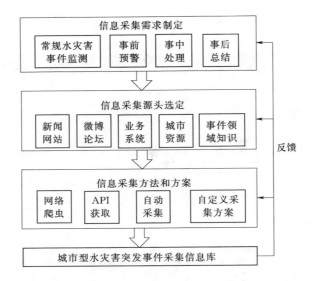

图 4.4　城市型水灾害突发事件信息采集流程

测站雨量、风向等信息，由于这些信息不是完全公开的政务信息，因此需要和气象局信息中心沟通需要的信息内容和获取的方式；明确采集对象和范围后，需要制定详细的信息采集方案，明确采集方式、采集渠道、采集的频率、采集技术、采集工具等，并反复测试采集方案的可操作性和稳定性；最后通过利用采集信息，从采集信息内容、稳定性等角度评价信息采集的效果。

跨部门信息采集以城市空间信息采集为例，在城市型水灾害突发事件对空间数据要求较高，特别是随着城市化进行日益加快，整个城市建筑变化较大，首先需要获取实时的城市空间数据，而城市空间数据主要由城市规划局来管理和生产，根据城市规划局空间数据共享管理办法来采集城市基础空间信息。数据范围包括城市河道、道路、主要建筑物等基础信息。接下来就要制定详细采集方案，根据空间信息的需求，要对城市基础空间信息进行实时采集。例如，为了实现实时采集城市的空间信息，通过直接调用市规划部门提供的空间数据服务和空间数据发布平台，并以服务接口实现空间信息的采集，其中空间数据服务通过 Web 地图服务（Web Map Service，WMS）实现，遵循 OGC 的WMS1.1.1规范，该服务利用具有地理空间位置信息的数据制作地图，将地图定义为地理数据可视的表现，服务包含如下操作：

（1）GetCapabitities 返回服务级元数据，它是对服务信息内容和要求参数的一种描述 。

（2）GetMap 返回一个地图影像，其地理空间参考和大小等参数是由用户请求明确定义的。

（3）GetFeatureInfo 返回显示在地图上的某些特殊要素的信息。

（4）Basic Operation 提供对服务的状态进行管理和查询，本操作为扩展操作。

空间数据操作服务通过 Web 处理服务（Web Processing Service，WPS）实现，遵循 OGC 的 WPS1.0.0 规范，该服务面向空间数据，它将包含地理位置值的地理空间数据作为处理对象，进行一系列的空间几何关系分析操作，该服务包含如下操作：

（1）GetCapabilities 返回描述服务和操作信息的 XML 文档。

（2）Execute 是在 GetCapabilities 确定什么样的查询可以执行、什么样的数据能够获取之后执行的，它使用 XML 文档结构发送和请求和返回结果，其中可以执行的操作可以细化。我们现在支持空间数据的缓冲和叠置分析两种子操作，结果用符合 gml 规范的文档返回。

（3）Describe Process 是对 Execute 操作中具体的子操作的详细描述，包括每个子操作实现的功能、参数的含义、类型、输入和返回的数据的类型、格式等的描述。

（4）Basic Operation 提供对服务的状态进行管理和查询，本操作为扩展操作。

根据制定采集方案通过以下代码调用常州空间数据，图 4.5 所示为采集的常州空间信息。

空间信息采集代码：

```
<? xml version="1.0" encoding="utf-8"? >
<s:Application xmlns:fx="http://ns.adobe.com/mxml/2009"
        xmlns:s="library://ns.adobe.com/flex/spark"
        xmlns:esri="http://www.esri.com/2008/ags"
        pageTitle="Example-using layerDefinitions to only show subset of content from specific
layers">
<! —
Layer definitions are sent to the server where the dynamic maps will use them for filtering.
-->
<s:layout>
  <s:VerticalLayout gap="10"
        paddingBottom="20"
        paddingLeft="20"
        paddingRight="20"
        paddingTop="20"/>
</s:layout>
<s:Label width="100%" text="Using layerDefinitions on ArcGISDynamicMapServiceLayer to
```

```
only show data for one state"/>
    <esri：Map>
        <esri：extent>
            <esri：Extent xmin="−13013000" ymin="4041000" xmax="−10383000" ymax="
5354000">
                <esri：SpatialReference wkid="102100"/>
            </esri：Extent>
        </esri：extent>
        <esri：ArcGISTiledMapServiceLayer alpha="0.5" url="http：//server. arcgisonline. com/Arc-
GIS/rest/services/World_Street_Map/MapServer"/>
        < esri： ArcGISDynamicMapServiceLayer  url = " http：//sampleserver1. arcgisonline. com/
ArcGIS/rest/services/Demographics/ESRI_Census_USA/MapServer">
            <esri：layerDefinitions>
                <! − −Colorado is FIPS='08'− −>
                <esri：LayerDefinition layerId="0" definition="STATE_FIPS='08'"/>
                <esri：LayerDefinition layerId="1" definition="STATE_FIPS='08'"/>
                <esri：LayerDefinition layerId="3" definition="STATE_FIPS='08'"/>
                <esri：LayerDefinition layerId="4" definition="STATE_FIPS='08'"/>
                <esri：LayerDefinition layerId="5" definition="STATE_FIPS='08'"/>
            </esri：layerDefinitions>
        </esri：ArcGISDynamicMapServiceLayer>
    </esri：Map>
</s：Application>
```

以常州市水利局为例介绍同一部门内部不同机构信息采集。常州市防汛防旱指挥部办公室设在常州市水利局，市水利局管辖武进区、新北区、钟楼区、天宁区、金坛区以及溧阳市等区县市，还包括下属单位：城市防洪工程管理处、河道湖泊管理处、长江堤防工程管理处等单位，而这些单位都需要定期与市防汛防旱指挥办公室进行信息交互，尤其是对城市型水灾害突发事件非常关键的水雨情、工情等信息，确定采集范围为各区县和下属单位信息中心，采集方案采用每隔 5 分钟就把水雨情、工情等数据推送到市水利信息中心，为了确保采集方案实施，笔者与常州市水利局合作编写了《常州市水利信息化项目指导意见（试行）》来约定信息采集的规则和过程。

其中防汛实时水、雨、工情数据规范及编码格式主要包括基础数据、运行数据、统计数据、日志数据及归档数据五部分，参考水利部《实时工情数据库表结构及标识符》（SL 577—2013），具体实施过程按照一定方式推送到按照规范及编码设计的 SQL Server 标准数据库中，泵站运行工况数据自动上报并写入泵站运行工况表 ST_PUMP_R，要求每 5 分钟上报一条记录；所有泵站机组、节制闸动作切换（状态变化）时，上报一条记录。水泵机组运行记录数

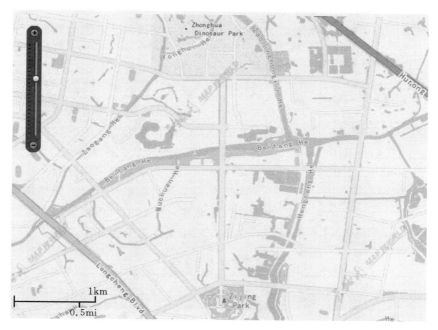

图 4.5　采集的常州空间信息

据直接上报并写入机组运行工况表 T－B＿PumpRun，要求机组未动作（状态切换、启动、停止）时，每 1 小时上报一条记录；机组动作（开、关机）时，立即上报一条记录。

4.2.3.2　公众信息采集流程

我国正处于经济转型关键时期，城市发展过程中分配结构和利益格局不断调整，劳动就业、社会保障、教育卫生、居民住房、安全生产、法制建设和社会治安等关系群众利益的突发事件时有发生，政府公信力不断遭到质疑。与此同时，互联网逐步发挥其舆情阵地作用，成为公众民意表达和情绪宣泄的主要平台。在大数据环境下，公众信息不仅可以获取支撑突发事件预警和决策的业务数据，更是获取事件社会影响的数据，有利于控制事态恶化，降低事件导致的影响。因此，对于互联网上太多的信息数据如何做到为我所用，目前大多采用网络爬虫来实现公众信息的采集。网络爬虫是搜索引擎抓取系统的重要组成部分，其主要目的是将互联网上的网页下载到本地形成一个或联网内容的镜像备份。完整的网络爬虫其实是一个很复杂的系统：首先，它是一个海量数据处理系统，因为它所要面对的是整个互联网的网页，即便是一个小型的，垂直类的爬虫，一般也需要抓取上十亿或者上百亿的网页；其次，它是一个对性能要求很高的系统，可能需要同时下载成千上万的网页，快速地提取网页中的

URL，对海量的 URL 进行去重、去噪等处理。

公众信息采集，首先根据城市型水灾害突发事件每个阶段的数据需求，制

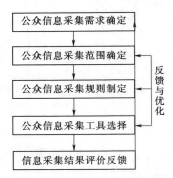

图 4.6　公众信息采集流程

定事前预警信息采集需求、事中处理信息采集需求以及事后总结信息采集需求，然后针对采集需求选定采集的网络资源范围，再次结合需求和采集范围制定采集规则，并选择适当的采集工具融合采集规则后进行信息采集，最后对采集结果进行评价和反馈，不断优化采集需求、范围和规则，图 4.6 所示为公众信息采集流程。

公众信息采集过程中最关键部分是规则制定和采集工具的选择。目前有很多开源网络爬虫工具，表 4.1 所示为主要开源爬虫工具。

表 4.1　主要开源爬虫工具

开发语言	软件名称	软 件 介 绍
Java	Arachnid	微型爬虫框架，含有一个小型 HTML 解析器
	Crawlzilla	安装简易，拥有中文分词功能
	Crawler4j	可以用来构建多线程的 Web 爬虫
	Ex‐crawler	由守护进程执行，使用数据库存储网页信息
	Heritri	严格遵照 robots 文件的排除指示
	HeyDr	轻量级开源多线程垂直检索爬虫框架
	ItSucks	提供 swing GUI 操作界面
	Jcrawl	轻量、性能优良，可以从网页抓取各种类型的文件
	JSpider	功能强大，扩展性强
	Leopdo	包括全文和分类垂直搜索，以及分词系统
	Playfish	通过 XML 配置文件实现高度可定制性与扩展性
	Spiderman	微内核＋插件式架构，扩展性强，开发量小
	Webmagic	功能全面，使用 Xpath 和正则表达式提取链接和内容
	Web‐Harvest	对 Text 或 XML 进行操作，具有可视化的界面
	WebCollector	无须配置、便于二次开发的 JAVA 爬虫框架
	WebSPHINX	由爬虫工作平台和 WebSPHINX 包两部分组成
	YaCy	基于 P2P 的分布式 Web 搜索引擎
Python	PyRailgun	简洁轻量高效的网页抓取框架
	Scrapy	基于 Twisted 的异步处理框架，文档齐全
	PySpider	分布式架构的爬虫

开发语言	软件名称	软 件 介 绍
C++	Hispider	支持多机分布式下载，支持网站定向下载
	Larbin	高性能的爬虫软件，只负责抓取不负责解析
	GooSeeker	集搜客 GooSeeker 指定抓取内容，定义抓取结果存放结构，自动生成抓取规则，存成结构化的 XML 结果文件
C#	Sinawler	国内第一个针对微博数据的爬虫，功能强大
	Spidernet	以递归树为模型的多线程 web 爬虫
	网络矿工	功能丰富，毫不逊色于商业软件
PHP	Snoopy	具有采集网页功能，提交表单功能
	ThinkUp	采集 Facebook 等社交网络的数据并将结果可视化展现
	微购	可采集淘宝、京东、当当等 300 多家电子商务网站数据
ErLang	Ebot	可伸缩的分布式爬虫
Ruby	Spidr	可将一个或多个网站、某个链接完全抓至本地

4.2.4　信息采集源选择

随着城市化快速推进，各类信息快速增加，而城市型水灾害突发事件涉及信息覆盖范围广，不仅包括业务信息，还包括公众信息，为了确保信息采集的质量，因此信息采集源要选择可信度高的数据源，其中水利、城市政府管理部门、科研机构等发布的数据比较可信，还有主流媒体、微博的公众信息可以采集。例如，提供业务信息的信息源有：水利或者水文局发布的水雨情信息，全国水雨情信息网（http://xxfb.hydroinfo.gov.cn/）可以采集重要站点水雨情信息，国家地球系统科学数据共享平台可以提供大气圈、陆地表层、陆地水圈等各类数据；提供公众信息的信息源有：水利等政府网站、新浪微博、微信公众号信息等。

4.2.5　信息采集案例——基于百度采集 API

目前有多种开源数据采集工具，但是由于采集时间和数量限制，导致信息采集不够全面，故可以借助大平台提供的采集接口来方便快捷采集到比较全面的信息。下面以百度舆情采集为例，详细描述通过百度低简舆情采集 API 接口来进行数据采集的流程。其中百度舆情提供四种功能：实时舆情（real time _ flow）、观点分析（opinion _ analysis）、传播分析（spread _ analysis）和事件脉络（event _ timeline），各功能如表 4.2 所示。

表 4.2　　　　　　　　　　　百 度 舆 情 功 能

API 名称	详细功能	功 能 描 述
实时舆情 （realtime _ flow）	实时舆情订阅 （realtime _ flow）	通过关键词或关键词组合进行全网舆情数据订阅。详情请见实时舆情订阅
	情感分析 （sentiment _ analysis）	实时舆情 API 中的子功能，为获取到的每篇舆情，增加情感分析字段，值为正面、负面、中立
	摘要提取 （abstract _ extract）	实时舆情 API 中的子功能，对获取到的每篇舆情正文，进行摘要提取
	位置抽取 （geo _ extract）	实时舆情 API 中的子功能，将文本中出现的地域信息进行提取。结果字段包括省、市、县（区）
	相似文章合并 （similar _ merge）	实时舆情 API 中的子功能，对返回的舆情信息进行相似合并。为不影响数据获取性能，相似文章默认只展示 x 篇
观点分析 （opinion _ analysis）	观点分析 （opinion _ analysis）	支持以关键词或关键词组合为任务召回的舆情数据进行观点聚类分析
传播分析 （spread _ analysis）	传播分析 （spread _ analysis）	支持以关键词或关键词组合为任务召回的微博数据进行传播分析
事件脉络 （event _ timeline）	事件脉络 （event _ timeline）	支持以关键词或关键词组合为任务召回的舆情数据进行事件脉络分析

基于百度 API 信息采集案例详见书后附件。

4.3　城市型水灾害突发事件信息规范化表示

采集到各类城市型水灾害突发事件相关信息后，下一步任务就是利用和发挥这些信息的价值，但对于多源异构的各类信息，直接组织和分析难度非常大，难以挖掘出潜在的规律，因此需要对采集的信息进行规范化处理，为信息的分析和利用做好铺垫。华中师范大学新闻传播学院喻发胜引用或参照《中华人民共和国突发事件应对法》《国家突发事件总体应急预案》等现有相关法令法规、行业标准及规程规范，编制出我国首个《突发事件基础数据处理标准（试行版）》，标准主要包括突发事件基本要素信息、对经济社会影响的信息和数据来源信息三大类。每个大类又具体划分为多个子类。如"突发事件基本要素信息"囊括了自然灾害事件基本要素表、事故灾难事件基本要素表、公共卫生事件基本要素表、社会安全事件基本要素表和案例关系表五个类别；"对经济社会影响的信息"则细分为国民经济行业影响表、社会管理影响表、国民经济行业分类表、行政管理分类表、舆情表、咨询建议表等。在这些数据分类体系的基础上，按照相应规则，对各类数据进行了长度为 17 位的具有唯一性的编码。这不仅能够方便快捷地进行数据库更新，也能提高各类数据在交互使用中的识别度，便于信息检索。暨南大学应急管理学院和伊利诺伊大学消防服务学院构建了突发事件案例库，收集国内外事故灾害、公共卫生、社会安全、自然灾害以及旅游应急等类型案例，也提供案例的检索和采集功能，图 4.7 所示为 2014 年南方多地遭遇强降雨的自然灾害突发事件案例，主要通过事件名称、国别、地区、地点、发生日期、结束日期、伤亡、损失以及相关资源等信息来描述突发事件案例。

图 4.7　2014 年南方多地遭遇强降雨的自然灾害突发事件案例

我国研究学者对突发事件表示做了大量研究，但是这些表示方法仅仅满足突发事件信息处理级的要求，而对于突发事件预警和应急响应要求深度分析显得力不从心，特别是突发事件应急过程中遇到的重点问题和创新问题，需要不同粒度的突发事件信息来支撑，这对突发事件信息表示提出新的要求。

为了更好地满足突发事件应急决策，采用元对象设施机制和事件模式建模语言构建城市型水灾害突发事件元模型框架，如图 4.8 所示。M3 层是元模型的高层抽象，可以定义多个元模型，城市型水灾害突发事件元元模型主要包括突发事件的类、属性和关联。M2 层是城市型水灾害突发事件元元模型的实例，结合城市型水灾害突发事件预警和应急响应实际需求，主要包括静态信息基础设施元模型，动态信息包括：气象状况元模型、现场情景元模型、事前预警元模型、事中处理元模型、事后总结元模型、应急措施元模型、舆情元模型、服务管理元模型等。M1 层利用事件模式标记语言描述动态监测数据类、应急措施类、事件基础信息类、事件涉及用户类、应急处理流程类以及事件案

例信息类，并利用建模语言描述事件信息。M0 层则是城市型水灾害突发事件
现实世界，包括各类监测数据、舆情数据、应急措施、事件现场情景等，这些
信息可以通过 M1 层中的类进行描述。

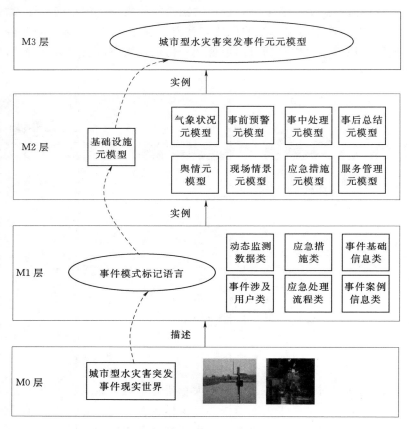

图 4.8　城市型水灾害突发事件元元模型框架

　　按照国家突发事件应对法及国家总体预案中的分类标准，结合城市型水灾
害的实际情况，建立如图 4.9 所示的城市型水灾害突发事件元模型，明确可能
导致突发事件的来源。对突发事件的编码采用五位等长代码，第 1 位表示类：
1 表示城市型水灾害突发事件，2 表示群体突发事件，3 表示火灾突发事件
（可扩展，当类别超过 9 时，可扩充为 A－Z）。后四位编码共分为三级，第一
级用 1 位阿拉伯数字表示（当类别超过 9 时，可扩充为 A－Z），二级类用 1 位
罗马字母表示（A－Z），例如 A 表示水旱灾害，B 表示气象灾害，C 表示地质
灾害，D 表示海洋灾害等，三级类用 2 位阿拉伯数字（不够时可扩展为 2 位大
写罗马字符 A－Z 表示），为避免与数字 0、1、2 相混淆，字母中不出现 I、O、

Z，例如 10 表示洪水，11 表示内涝，13 表示水库重大险情等，最后水库重大险情可以表示为"1A13"。

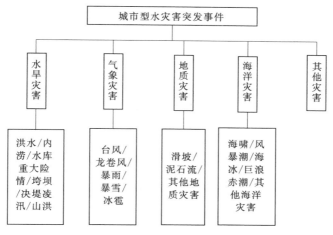

图 4.9 城市型水灾害突发事件元模型

4.3.1 采集静态信息规范化

采集静态信息主要包括突发事件自描述信息、城市基础空间信息、历史突发事件信息等。这些突发事件静态信息主要特点是短时间内不会改变，例如城市的水利工程基础设施是需要长时间才能有变化的。

4.3.1.1 基础信息规范化表示

对于城市水利工程基础设施，根据水利工程的特征，把水利工程相关基础设施信息分成 23 类：通用表类、河流类、水库类、控制站类、堤防类、蓄滞（行）洪区类、湖泊类、圩垸类、机电排灌站类、水闸类、跨河工程类、治河工程类、穿堤建筑类、墒情监测站类、地下水监测站类、灌区类、海堤（塘）类、城市防洪类、险工险段类、小水电类、船闸类、鱼道类、其他工程类 22 个工程大数。为了更好地统一管理，经过疏理形成 22 种不同类型的水利工程数据。表 4.3 所示为蓄（滞）洪区类表结构设计。

4.3.1.2 事件基本信息规范化表示

对于城市型水灾害突发事件基本信息，也可以表示突发事件历史案例事件，按照统一规范进行表示，有利于突发事件基本信息的采集和共享利用。对突发事件进行结构化描述，将突发事件抽象为事件类型、事件对象、事件时间、事件动作、事件环境和事件危害等结构，城市型水灾害突发事件基本信息规范格式如表 4.4 所示。

表4.3　　　　　　　　　　　蓄（滞）洪区类表结构设计

列号	列中文名	列标识	类型宽度	键序号	允许空值	计量单位	索引号	备注
1	工程名称代码	ENNMCD	VARCHAR2（12）		N			
2	资料截止日期	INFNDT	DATE		N			
3	管理单位代码	ADUNCD	VARCHAR2（12）					
4	管理单位名称	ADUNNM	VARCHAR2（40）		N			
5	管理单位驻地	ADUNPL	VARCHAR2（40）					
6	建成日期	BLTM	DATE					
7	水准基面	LVBSLV	VARCHAR2（20）					
8	假定水准基面位置	DLBLP	VARCHAR2（40）					
9	经度	LongX	VARCHAR2（40）					
10	纬度	LatY	VARCHAR2（40）					
11	备注	RM	VARVARCHAR22（1000）					

表4.4　　　　　　　城市型水灾害突发事件基本信息规范格式

序号	事件项目	备注
事件类型	按照傍山型、滨江湖型、滨海型以及洼地型四类城市型水灾害突发事件，并分为渐进型和激进型	
事件对象	事件的参与对象，包括参与事件的所有角色，对象可分别是动作的施动者（灾害体）和受动者（承灾体）	
事件时间	事件预警事件、发生的时间、持续的时间以及恢复时间等	
事件动作	事件的变化过程及其特征，是对程度、方式、方法、工具等的描述，即包括事件性质或等级及其他一切可以表明事件严重程度的数量维度、影响事件发生、演化的内部因素等	
事件环境	主要包括外部情景，属于事件的外部属性，对事件的发展、演化以及事件后果的严重程度有着可观测、可度量的影响	
事件危害	那些可能由于事件发生而遭受危害的对象，通过这些对象属性的确定来估算突发事件造成的危害，确定实施控制、制定决策的评价目标	

　　针对多源数据中文本、数据等结构化和非结构化突发事件信息，结合事件六要素和突发事件本体所需要信息，按照突发事件事前、事中、事后发展过程，凸显每个阶段的信息需求和流向，形成突发事件描述文档，主要包括标题、时间、地点、参与单位、事件背景、过程、救援、数据和服务、经验和教训等，为了增加事件过程的刻画粒度，对事件过程进行深度加工后，按照时间轴来描述事件的进展，更加详细地描述事件本身演化过程和对事件的处理。表4.5所示为2015年常州特大暴雨突发事件描述文档。

表 4.5   **2015 年常州特大暴雨突发事件描述文档**

标题	2015 年常州特大暴雨
发生时间	2015 年 6 月 26 日到 28 日
地点	江苏常州
参与单位	市防指、军分区、武警水电第五支队、市公安局（市消防支队）、市城乡建设局、市交通运输局（市地方海事局）、市园林局、市粮食局、武警常州市支队
事件背景	6 月 24 日入梅，25—27 日，遭受入梅后第一轮、入汛后第三轮强降雨袭击，主要河、湖、库水位全面超警戒，大运河常州城区段水位超运北片城市防洪大包围设计高水位（200 年一遇）。全市大部分地区出现大面积积水、受涝、受淹现象，形势异常严峻
事件过程	6 月 25 日 18 时起运北片城市防洪大包围节点工程封闭； 6 月 26 日 22 时 8 分常州市气象台发布暴雨蓝色预警信号； 6 月 26 日 18 时 20 分常州市水文局发布水位蓝色预警信号； 6 月 27 日凌晨 1 时水位蓝色预警信号升级为水位黄色预警信号； 6 月 27 日凌晨 2 时 43 分升级为暴雨橙色预警信号； 6 月 27 日 2 时 57 分水位预警信号升级为橙色预警信号； 6 月 27 日凌晨 5 时 30 分市防汛防旱指挥部经研判，启动防汛Ⅱ级应急响应； 6 月 27 日 12 时又升级为红色预警信号，水位在抬升，针对部分地区、路段已出现积水、受涝、受淹现象； 6 月 27 日 12 时 30 分市防指启动Ⅰ级响应； 6 月 27 日 20 时发布的天气预报，强降雨带正在缓慢南移； 6 月 28 日 18 时，市减灾委员会办公室启动全市三级救灾应急响应
数据和服务	常州市气象局提供气象信息 常州市水文局提供水位信息 常州市水利局提供工情信息 舆情信息
事件后果	常州全市受灾人口 188331 人，紧急转移安置人口 21654 人（其中集中安置 1432 人），农作物受损 28031.64 公顷，倒塌房屋 99 间，严重损坏房屋 176 间，一般性损坏 13935 间，直接经济损失 9.4 亿多元
事件救援	市防指：鉴于强降雨持续，洮滆片防洪形势极为严峻，市防指已向省防指请求同时关闭丹金船闸和丹金闸枢纽。 军分区：截至 28 日 21 时，军分区累计出动抢险队伍 4350 人次，其中现役 103 人、民兵 4155 人、预备役 92 人；动用装备器材 1246 件（台、套）；协助地方政府转移群众 8044 人，加固堤坝 3105 米，构筑子堤 1000 米，转移物资 10 吨。 武警水电第五支队：仅 27—28 日，投入抢险队伍 323 人次，投入抢险设备 30 余台套，先后处理戚墅堰区 3 处险情、武进区 1 处险情、新北区录安洲西洲头洲堤内侧滑坡 3 处险情，投入资金 55 万元。 市公安局（市消防支队）：投入抢险队伍 9567 人次，调度抢险设备 1331 台（套），投入皮划艇 150 余艘、冲锋舟 30 余艘，抢排涝水 180 万立方米，投入资金 650 万元。 市城乡建设局：组织抢险队伍 8 支、2494 人次，调度抢险设备 141 台（套），抢涝排水 31.5 万立方米，处置险情 40 处。 市交通运输局（市地方海事局）：迅速启动一级响应，投入海巡艇 15 艘，加强对重点航段的监管，到目前为止，辖区内未发生水上交通事故。

事件救援	市园林局：27 日启动Ⅱ级响应，后升级为Ⅰ级响应，累计投入抢险队伍 20 支、2484 人（次），排涝设备 168 台（套），投入资金 116.9 万元。 市粮食局：开展多种方式自救，切实做好受涝粮库排涝工作。 武警常州市支队：出动兵力 13 名，投入金额 18.9 万元。新北区：28 日，录安洲西洲头洲堤内侧滑坡险情经市、区共同努力，武警水电第五支队 100 多名官兵和地方抢险队伍连续奋战 20 多小时，至 29 日凌晨 5 时，3 处险情基本排除，确保了洲堤安全
原因	长时间持续降雨，排水不畅
经验	应急响应及时，科学调度有序
教训	转变治水观念，加强联合调度，提升排涝工程的能力，提升应急反应能力

4.3.2　采集动态信息规范化

在突发事件发生过程中，各类动态信息对突发事件预警和应急决策有重要信息支撑。采集动态信息主要包括业务监测信息、动态舆情信息以及应急预案信息等。

4.3.2.1　业务监测信息规范化表示

对于城市型水灾害突发事件，业务监测信息包括水雨情信息、气象信息以及预警信息等。水雨情信息主要包括主要监测站点实时水位、雨量、泵站运行信息等，防汛实时水、雨、工情数据规范及编码格式主要包括基础数据、运行数据、统计数据、日志数据以及归档数据五部分，参考水利部《实时工情数据库表结构及标识符》（SL 577—2013）进行表示，表 4.6 所示为泵站运行信息，包括泵站代码（FK）、时刻、上游水位（米）、下游水位（米）、站变状态、主变代码、站工况、站流量（立方米/秒）、站效率（％）、开机台数等。

突发事件预警信息内容应包括发布机关、发布时间、可能发生的突发事件类别、预警级别、起始时间、可能影响范围、警示事项、事态发展、相关措施和咨询电话等信息。表 4.7 为深圳市预警信息发布实例。为了实现预警信息共享，让更多城市用户受益，2015 年国务院办公厅秘书局 6 月 30 日印发了《国家突发事件预警信息发布系统运行管理办法（试行）》（国办秘函〔2015〕32 号）规范了突发事件预警信息发布业务，增强突发事件预警信息发布的时效性和科学性，提高国家预警信息发布中心运行效率。城市预警信息由具有发布权的政府部门向社会公众发布，预警信号由名称、图标和含义三部分构成。例如，暴雨预警信号分三级，分别以黄色、红色、黑色表示。暴雨黄色预警信号图标为黄色，其含义是本市部分地区 1 小时降雨量将达或者已达 30 毫米以上。

表 4.6　　　　　　　　　　　**泵 站 运 行 信 息**

序号	字段名	字段描述	数据类型	是否可空	主键	外键	索引号	字段说明
1	STNNO	泵站代码（FK）	Varchar2(10)	N	Y	Y	1	唯一标识泵站代码
2	TM	时刻	DateTime	N	Y		2	采集资料时刻
3	SYSW	上游水位/米	Number（8，2）					泵站上游水位
4	XYSW	下游水位/米	Number（8，2）					泵站下游水位
5	ZZT	站变状态	Char（1）					泵站站用电变压器的开关状态
6	ZBNO	主变代码	Char（3）					向泵站机组供电的主变压器
7	ZGK	站工况	Char（1）					泵站此时的工况。目前的编码为：1. 抽水 2. 发电
8	ZLL	站流量/(立方米/秒)	Number（8，2）					泵站此时的流量
9	ZXL	站效率/%	Number（8，2）					泵站此时的效率
10	KJTS	开机台数	INTEGER					泵站此时的开机台数

表 4.7　　　　　　　　　**深圳市预警信息发布实例**

事件内容	【深圳市暴雨黄色分区预警升级为橙色】深圳市气象台于 2016 年 10 月 21 日 13 时 15 分在罗湖区、盐田区、龙岗区、坪山新区、大鹏新区、东部海区发布暴雨橙色预警，上述地区已出现 40～60 毫米降水，预计强降雨还将持续 3～4 小时，仍有 40～60 毫米的降水，全市进入暴雨防御状态，暂停户外作业和活动；地下设施管理单位或业主以及低洼、易受水浸地区人员采取有效措施避免和减少损失
事件类别	自然灾害（气象灾害·暴雨）
预警级别	橙色
发布时间	2016－10－21 13：15：00
发布单位	深圳市气象台
影响区域	罗湖区、盐田区、龙岗区、坪山新区、大鹏新区、东部海区
预计失效时间	2016－10－22 13：15：00

4.3.2.2　突发事件应急预案规范化表示

突发事件应急预案是指各级人民政府及其部门、基层组织、企事业单位、社会团体等为依法、迅速、科学、有序应对突发事件，最大限度减少突发事件及其造成的损害而预先制定的工作方案。针对目前各类突发事件预案交叉重复、格式雷同、预案强调文本文件，实用性和操作性不够、缺乏弹性与灵活性等现状，城市型水灾害突发事件应急预案规范化表示不仅仅是内容形式固定，还要针对不同事件不同时间要求制定初步的应急预案，在应急过程中可以参照制定的应急预案进行及时调整和优化。

国务院办公厅 2013 年发布《突发事件应急预案管理办法》，明确：市县级专项和部门应急预案侧重明确突发事件的组织指挥机制、风险评估、监测预警、信息报告、应急处置措施、队伍物资保障及调动程序等内容，重点规范市（地）级和县级层面应对行动，体现应急处置的主体职能；乡镇街道专项和部门应急预案侧重明确突发事件的预警信息传播、组织先期处置和自救互救、信息收集报告、人员临时安置等内容，重点规范乡镇层面应对行动，体现先期处置特点。所以对于城市型水灾害突发事件应急预案侧重预警和应急处置，而且要求及时修改、评估，并向社会公布。城市型水灾害突发事件包括：江河洪水、溃涝灾害、山洪灾害（指由降雨引发的山洪、泥石流、滑坡灾害）、台风、风暴潮灾害以及由洪水、风暴潮、地震、恐怖活动等引发的水库垮坝、堤防决口、水闸倒塌等次生衍生灾害，对城市型水灾害突发事件应急预案进行规范化，提高应急预案的生命力和有效性。任何预案审查修改的周期不应超过 24 个月，只有对应急预案不断地进行评估和改进才能保持其活力，将应急预案规范化表示过程中通过 PDCA 循环来优化城市型水灾害突发事件应急预案，图 4.10 所示为应急预案持续改进流程，为了加强应急预案的针对性，分为国家和省级层面、市县和区级层面、村镇乡、社区和企事业单位三个层面，并制定相应的应急预案。

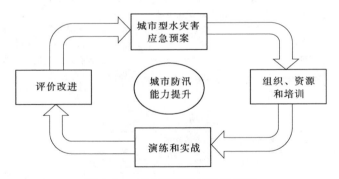

图 4.10　应急预案持续改进流程

市级层面的应急预案常用城市型水灾害突发事件应急预案信息规范表，如表 4.8 所示。应急预案主要包括编制目的、组织指挥体系及职责、灾害分级、预防和预警机制、应急响应、应急保障、善后工作以及预案管理等内容。城市防汛防旱指挥办公室可以根据城市自身特点和防汛的经验对每个部门内容制定详细约定，例如，对于应急响应中的应急响应级别的设定，不同城市设定的要求不同，在常州市发生以下情况之一就启动Ⅳ级应急响应。

1）数个辖市、区同时发生一般洪水；主要湖河库水位接近或达到警戒水位或汛限水位；受涝种养面积在 30％以下或绝收面积在 3％以下。

2）流域性工程、区域性工程出现一般险情；长江出现一般坍江。

3）水库出现一般险情。

4）数个辖市、区同时发生轻度干旱；抗旱水源出现紧张，但基本满足防旱水源的要求。

5）多个集镇同时因旱影响正常供水。

6）24 小时内可能受热带低气压影响，平均风力可达 6 级以上，或阵风 7 级以上；或者已经受热带低气压影响，平均风力为 6～7 级，或阵风 7～8 级并可能持续。

表 4.8　　　　　　城市型水灾害突发事件应急预案信息规范表

序号	内　容	解　释
1	编制目的	为了及时妥善处置因暴雨、台风等造成的各种自然灾害，保证防洪抢险、抗旱救灾工作高效有序进行，最大限度地减少人员伤亡和财产损失，保障城市经济社会全面、协调、可持续发展
2	组织指挥体系及职责	市政府防汛防旱指挥部、办事机构、乡（镇）政府、街道办事处
3	灾害分级	特别重大水灾害、重大水灾害、较大水灾害、一般水灾害
4	预防和预警机制	监测与检（巡）查、预防预警信息、预防预警行动、预警支持系统
5	应急响应	Ⅰ级应急响应行动、Ⅱ级应急响应行动、Ⅲ级应急响应行动、Ⅳ级应急响应行动、不同灾害的应急响应措施、信息报送与处理、指挥和调度、抢险救灾、安全防护和医疗救护、社会动员与参与、信息发布与新闻宣传、应急结束
6	应急保障	通信与信息保障、应急支援与装备保障、技术保障、后勤保障、宣传、培训与演练
7	善后工作	救灾、救济救助、医疗救治与卫生防疫、水毁工程修复、环境保护、防汛抢险物料补充、补偿机制、灾后重建、防汛防旱工作评估
8	预案管理	明确奖励与责任追究、预案解释部门以及预案实施时间等。预案由市防汛防旱指挥部办公室负责管理，并会同防洪工程管理所并组织对预案进行评估。各相关职能部门根据本预案制订相关防汛抗旱实施细则，并报市防汛防旱指挥部备案

4.4　城市型水灾害突发事件信息安全管理和共享利用机制

2016 年 12 月国务院通过《"十三五"国家信息化规划》明确要打破信息壁垒和"孤岛"，构建统一高效、互联互通、安全可靠的国家数据资源体系，打通各部门信息系统，推动信息跨部门跨层级共享共用，这为更好地发挥突发事件各类信息的价值提供支撑，但还需要更加具体层面的信息安全管理和共享利用机制来保障，实现将信息准确及时地送到需要这些信息的用户或者管理者手中，确保城市型水灾害突发事件各类信息安全管理用在急需的地方，增强各部门之间沟通，促进突发事件信息安全、流畅的开发和利用。

城市型水灾害突发事件信息安全管理与共享利用机制的目的就是把分散的资源集合起来，把无序的突发事件数据资源变为有序，使之方便用户查找信息、方便信息服务于用户。公共基础数据项目建设政务信息资源目录体系与交换共享体系，形成完善的采集和共享规则，支撑信息共享和业务协同。

4.4.1 数据采集汇聚机制

由于城市型水灾害预警和应急响应所需数据复杂，分布在不同部门，按照便于共享和利用的原则，遵循谁提供数据谁负责数据质量的原则。按照各个政府部门的数据来源设置大类主目录，例如水利局、卫生局、公安局等。按照常州市政府文件（常发〔2010〕5号），编码参考机构代码，常州市信息资源主目录分类和编码参照表 4.9 所示数据一级分类目录分类。

表 4.9　　　　　　　　　　数 据 一 级 分 类 目 录

序号	政 府 部 门	机构代码	备注
1	常州市发展和改革委员会	cz01	
2	常州市工业和信息化局	cz02	
3	常州市科学技术局	cz03	
4	常州市民政局	cz04	
5	常州市司法局	cz05	
6	常州市财政局	cz06	
7	常州市人力资源和社会保障局	cz07	
8	常州市自然资源局	cz08	
9	常州市住房和城乡建设局	cz09	
10	常州市交通运输局	cz10	
11	常州市水利局	cz11	
12	常州市农业农村局	cz12	
13	常州市商务局	cz13	
14	常州市地方金融监督管理局	cz14	
15	常州市文化广电和旅游局	cz15	
16	常州市卫生健康委员会	cz16	
17	常州市医疗保障局	cz17	

序号	政 府 部 门	机构代码	备注
18	常州市审计局	cz18	
19	常州市生态环境局	cz19	
20	常州市退役军人事务局	cz20	
21	常州市住房保障和房产管理局	cz21	
22	常州市应急管理局	cz22	
23	常州市城市管理局	cz23	
24	常州市体育局	cz24	
25	常州市统计局	cz25	
26	常州市信访局	cz26	
27	常州市市级机关事务管理局	cz27	
28	常州市民族宗教事务局	cz28	
29	常州市人民政府外事办公室	cz29	
30	常州市政府办公室	cz30	
31	常州市政务服务管理办公室	cz31	
32	常州市教育局	cz32	

对应的国土资源局提供的信息如表 4.10 所示。

表 4.10　　　　　　　　　国土资源局信息分类目录

第一级分类	第二级分类	第三级分类	政务地理空间信息资源	元数据文件名称	主题	相关业务	其他
土地规划	土地利用现状	土地利用现状	土地利用现状		土地		
	土地利用总体规划	土地利用总体规划	土地利用总体规划		土地		
	土地利用年度计划	土地利用年度计划	土地利用年度计划		土地		
土地资源管理	建设用地	建设项目用地	建设项目用地		土地、城乡建设	建设项目用地预审	
		农用地	农用地		土地、农业	权限内农用地转为建设用地批准	
		农村村民住宅用地	农村村民住宅用地		土地、房地产	农村村民住宅用地批准	

续表

第一级分类	第二级分类	第三级分类	政务地理空间信息资源	元数据文件名称	主题	相关业务	其他
土地资源管理	建设用地	乡镇（村）公共设施公益事业建设项目用地	乡镇（村）公共设施公益事业建设项目用地		土地、市政工程	乡镇（村）公共设施公益事业建设使用集体土地审批	
		乡镇企业用地	乡镇企业用地		土地、企业	乡镇企业建设使用集体土地审批	
		外资企业用地	外资企业用地		土地、企业	外资企业用地审核	
		中外合资经营企业用地	中外合资经营企业用地			中外合资经营企业用地批准	
	土地资源	国有荒山、荒地、荒滩	国有荒山、荒地、荒滩		土地	开发未确定土地使用权国有荒山、荒地、荒滩权限内的批准	
	土地资源相关单位	地质灾害危险性评估单位	地质灾害危险性评估单位		企业	地质灾害危险性评估报告备案	
土地市场管理	土地权属单位	土地权属单位	土地权属单位		土地、企业		
	土地估价机构	土地估价机构	土地估价机构		土地、企业		
矿产资源管理	矿产	独立选（洗）矿场	独立选（洗）矿场		矿藏	开办独立选（洗）矿场批准	
		矿区	矿区		矿藏		
	矿产相关企业	探矿企业	探矿企业		矿藏、企业	探矿权转让批准	
		采矿企业	采矿企业		矿藏、企业	采矿权转让批准	
		矿产资源开采企业	矿产资源开采企业		矿藏、企业	开采矿产资源许可、延续、变更、注销	
		矿产资源勘查企业	矿产资源勘查企业		矿藏、企业	勘查矿产资源许可、延续、变更、保留、注销	
管理与服务机构	行政机构				政府工作		
	局所属单位				政府工作		

第一级分类	第二级分类	第三级分类	政务地理空间信息资源	元数据文件名称	主题	相关业务	其他
1:1万地理实体数据	水系	常年河流			政府工作		
		时令河					
		干涸河					
	境界与政区	国家行政区					
		省级行政区					
		地级行政区					
		县级行政区					

4.4.2 数据共享利用机制

对于数据共享利用，必须要建立相应开放接口，对于非常重要的城市空间信息获取，传统做法是自行建设地理信息系统平台和空间数据，这样不仅浪费资金，而且维护成本非常高，完全可以通过共享服务和数据的方式实现，由于空间数据提供方应该是城市规划部门，所以与规划部门商定提供的数据和服务接口，例如地理空间信息基础设施共享服务的通用描述至少应包含七项基本要素，分别是：类型、消息、操作、端口、端口类型、绑定及服务地址，如表4.11 所示。

表 4.11   地理空间信息基础设施共享服务描述基本要素的说明

序号	要素	要素描述
1	类型	数据类型定义的包容器。对类型的描述可以用 XSD 来完成
2	消息	定义服务节点和请求节点网络通讯中的数据，即输入和输出的数据格式
3	操作	对某项空间信息服务所能完成的一个动作的抽象定义
4	端口	由一个绑定和一个部门节点网络地址所定义的一个端口
5	端口类型	对一个或多个端口所支持的一组操作进行了描述。实际上是一个抽象操作的列表，抽象操作主要是对空间信息 Web 服务的方法签名进行转换。它还定义了所有操作接收和返回的逻辑消息
6	绑定	为每个具体端口类型安排协议和消息格式规范
7	服务地址	由一组相互关联的端口组成的一个集合

地理空间信息基础设施共享服务的通用描述的扩展要素信息包括：服务的标识信息、服务质量信息、服务表达信息、应用特征分类信息、服务发布者信息、服务发布时间、服务更新时间、服务注销时间、应用信息、联系信息、服务 URL 地址描述信息。在地理空间信息基础设施共享服务的通用描述的要素

信息基础上，至少还应包括图层描述、图例获取、样式获取三种要素，如表 4.12 所示。

表 4.12　　　　　　　地理空间信息数据服务的特定要素说明

序号	要素	描述	具　体　信　息
1	图层描述	获取图层描述的接口	包括：地图参考坐标系、坐标范围、图层名称、图层序号、显示比例尺范围、属性字段、输出格式、图层操作权限、版本号等
2	图例获取	获取图形图例的接口	至少应包括：图例大小、颜色、样式名称、图例符号等
3	样式获取	获取图层样式的接口	至少应包括：样式的点线面符号及点线面构成的复杂符号

在国家、省以及城市对信息管理标准和规范基础上，形成适应城市型水灾害突发事件信息畅通的采集汇聚机制和数据共享机制，图 4.11 所示为突发事件信息安全和利用结构图，将城市多源数据按照采集汇聚机制进入突发事件数据中心，然后依据数据共享机制将数据共享给各级部门和公众，促进信息安全正常流通。

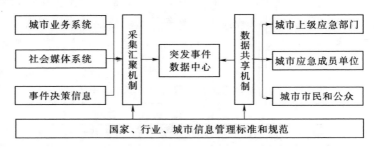

图 4.11　突发事件信息安全和利用结构图

4.5　城市型水灾害突发事件知识组织

采集大量城市型水灾害突发事件相关信息后，接下来的任务就是如何有效地组织这些信息，促进信息开发利用和知识提炼组织，尤其是能支撑应急决策的情报产生。并通过知识服务的形式来预警和应对突发事件。针对城市型水灾害突发事件各类需求，其知识组织是为了满足不同阶段知识服务要求的一个循序渐进的过程。完整的知识服务过程需要实现知识资源采集、水灾害相关知识资源的选择和整理、知识资源的分类、标引和加工、知识组织结构设计与知识关联，通过推理、提炼再生知识、知识检索、可视化展示服务于用户等一系列过程。这些过程是全程贯穿满足应对突发事件的需求为基础，并以提供用户满意的解答为目的来规划和架构知识组织过程，在知识组织环境下，针对目前日益膨胀的城市海量信息，知识组织各个环节既要从纵向上确保前后环节协同合作，又要从横向上使单个环节能完成预期任务，具有较强可操作性，并结合城市型水灾害领域实际情况优化知识组织过程，形成如图 4.12 所示的城市型水灾害突发事件知识组织过程的框架。

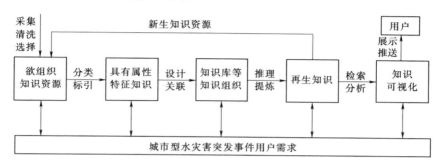

图 4.12 城市型水灾害突发事件知识组织过程的框架

由图 4.12 可见，水灾害突发事件知识组织过程是在用户需求驱动下，进行欲组织的水灾害突发事件知识资源采集、清洗和选择，以形成待组织和处理的知识资源，通过知识组织工具对知识资源进行分类、标引和有关加工，使知识资源具有某些主题、类别或其他鲜明的知识特征，再通过知识的关联与映射处理，并根据知识表现的特点和服务需要构建知识组织结构（如知识库、语义数据库、知识仓库等），最后，借助各类检索和可视化技术（如常规检索、语义检索、智能推理检索等）以多种形式通过知识服务呈现给用户。在城市型水灾害突发事件知识（以下简称"知识"）组织过程中，用户需求贯穿全程，经过深度的挖掘和知识关联后形成的再生知识，这些知识作为水灾害突发事件知识组织的新来源。

在知识组织过程的总体架构下，通过欲组织知识资源、每个知识组织环节需要不断细化和具体化，因此需要对每个知识组织环节进行设计和优化，以确保是高质量完成本环节的任务，为下游知识组织环节奠定良好的基础，为城市型水灾害突发事件预警和快速响应提供坚实保障。

4.5.1 欲组织知识资源

欲组织知识资源是指根据系统知识服务的需求，将经过采集、清洗、选择、整理以后汇集的知识资源。欲组织知识资源既要提供涵盖解决用户问题直接所需或潜在的各类广泛资源，又必须考虑针对城市各类用户的需求，提高知识服务效率，明确所需资源的特点、来源以及构成。所以，作为知识服务的基本资源，应当能够为解决用户问题提供全面知识资源支撑，例如，提高城市水灾害突发事件预警准确性是面临的难点和亟待解决的问题，不仅要对知识进行组织，而且需要组织纯洁的知识资源，避免垃圾信息、杂乱信息污染知识资源。

4.5.1.1　欲组织资源界定和来源

欲组织资源不同于一般的资源，主要特指信息资源，虽国内外学者对信息资源没有一个统一概念界定，这里讨论的信息资源主要指经过人类选取、组织、序化的有用的城市水灾害突发事件信息，信息资源具有目的性、动态变化性、涉及领域广泛性、存在形式多样化、分布域广等特点，城市水灾害突发事件分布于城市不同管部门、所管辖市区、乡镇、街道以及社区。这些特点为资源的采集、清洗、选择增添了难度，尤其是这些信息之间的关联，如何形成城市水灾害突发事件预警和应急响应的有效决策支撑等，需要根据信息资源的特点，对其进行有针对性的清洗，确保欲组织知识的正确性和可靠性。

由于欲组织资源分布较广，面对良莠不齐的信息资源，既要确保资源可靠，又要能够满足知识服务对资源的要求。通常知识组织来源既取自于专业数据库，也包括许多自建数据库；既有专门从事资源建设的网站，也包括博客和微博这类个体信息源；既包括印刷型的图书、期刊、报纸、广告等媒体信息，也包括电视、电影、电台等多媒体信息。总之，只要是对突发事件响应有价值的资源都可以作为欲组织知识资源，但在资源的清洗、选择和真伪鉴别上采取的手段和程度不一样。一般而言，包括科学数据支撑的资源、学术资源建设中心所建资源、经济和社会统计数据来源以及经济数据和财政数据、城市数据资源、社会媒体等。城市型水灾害突发事件学术资源包括：国家科技图文文献中心（http：//www.nstl.gov.cn/）、中国知网（http：//www.cnki.net/）、万方数据（http：//www.wanfang.com.cn/）；科学数据支撑的资源包括国家地球系统科学数据共享服务平台长江三角洲科学数据中心（http：//nnu.geodata.cn：8008/index.html），可以提供长江三角洲范围内的陆地表层、自然资源等数据资源、专题数据、特色数据等；城市数据资源包括城市规划、水利、城建等各方面的数据资源；社会媒体包括国家主流媒体、城市主流媒体等。

4.5.1.2　欲组织资源的构成

欲组织资源的构成不仅是待组织资源本身，还应该涵盖资源的采集、传输、处理以及展现等支持解决用户问题的所有环节。因此，其构成包括：数据资源、工具资源、标准和规范以及方法和工具等资源类型，这些资源可以以文字、字符、视频、图片等多种形式体现。数据资源主要以文献数据、事实数据、专业领域数据、知识单元数据以及用户使用行为数据等形式体现；工具资源主要包括基础知识与知识架构类、知识关系建立类、知识处理及展现类三个方面；标准和规范等资源主要包括编码和分类标准、水利行业和国家标准和规范、智慧城市建设规范等。

欲组织资源来源和构成是知识组织的基础，也是实现知识服务的基本保证。因此，需要针对用户需求对欲组织资源进行甄别，定位支持解决用户问题的欲组织资源，为知识获取和资源关联提供向导，为知识资源的组织奠定基础。

4.5.1.3 资源获取与清洗

资源获取与清洗主要任务是根据用户需求对欲组织的目标资源进行采集、检测、修正、抽取等过程初步检测和消除噪声数据，合并同类数据，剔除重复记录数据和不可用的数据资源，形成粗粒度的数据清洗框架，有效提高数据的质量，为知识组织提供可靠资源支撑。资源获取与清洗主要包括数据采集和准备、检测、清洗以及修正等步骤，资源获取与清洗总体框架如图 4.13 所示。

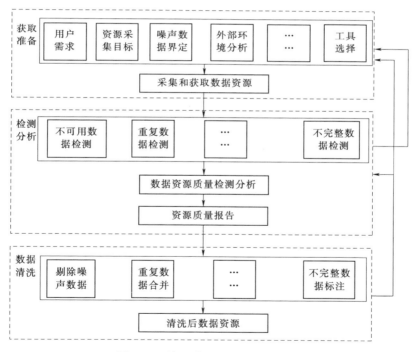

图 4.13 资源获取与清洗总体框架

资源获取与清洗分为获取准备、检测分析以及数据清洗三个层次，各层次之间形成不断完善和优化的循环回路。获取准备层是在对采集目标资源充分分析的基础上，明确噪声数据范畴，分析用户需求和外部环境，同时针对数据资源状况，选择恰当的知识组织工具，为采集资源做好充分准备。检测分析层对获取和采集的数据资源进行初步分析和检测，结合解决用户问题的要求，检测噪声数据，主要从数据的不可用、重复以及不完整等方面开展检测。其中，不可用数据主要是由于数据本身存在错误或者数据对解决问题没有帮助的数据；重复数据是指基本相同的数据，可能由于在格式、拼写上的差异，导致数据库管理系统不能区分；不完整数据是指信息的缺失，例如，资源责任者的缺失、数据的度量单位缺失等。数据清洗层根据检测分析层提供的资源质量报告，选择适当的数据清洗策略对数据进行清洗。主要任务是筛选数据，包括去除含有噪声的数据，合并重复数据，补充完善缺失数据。

4.5.2　知识、资源与用户需求的映射

经过采集、清洗、整理后的资源尚不能达到知识服务的各类要求，需要根据用户需求进行资源的知识标注，以实现资源与知识间的关联与映射。首先通过对信息资源和用户需求进行理解、获取和规范化表示，通过知识点分类、标引等方法和知识关联工具，分层次梳理资源，借助知识组织方法和工具构建知识和资源之间的映射，为知识推理提供铺垫。

4.5.2.1　资源规范化表示

资源规范化表示主要目的是方便资源共享和利用，借助符号系统对资源进行统一规范化的表示，建立符号系统与资源的映射。在统一性、表达性、易用性等原则下，对不同层次、不同领域以及不同粒度大小的资源，按照统一的符号系统展现，并经过实践应用后形成资源规范化表示的符号系统。例如，将文献资源通过词语、句子、段落以及文献等不同层次依次规范化表示，例如，借助中图分类法和叙词表表示文献资源按其标准进行学科分类和主题标引；再如，采用资源描述框架（RDF）对网页信息的标题、作者、修改日期、内容以及版权信息等进行描述。

4.5.2.2　知识表示

为了全面表示知识，方便资源进行对应和关联，不仅要通过符号系统表示知识的显示特征，还要借助处理规则表现知识的隐性特征，体现知识的智力行为。所以知识表示是对知识的一种描述，主要包括符号系统和处理规则两部分，其中处理规则的描述是知识表示的难点和重点。常用的知识表示方法有产生式表示法、结构化表示法、语义网络、框架表示法以及面向对象表示法等。例如，产生式表示法是在条件、因果等类型的判断中所采用的一种对知识进行表示的方法，在表示"如果病人体温大于 38 摄氏度且咳嗽，则他很有可能是感冒了"这类因果类知识时，可利用如果"体温大于 38 摄氏度且咳嗽"，那么就会"感冒"，其中如果部分表示条件，那么部分表示结论，整个部分就形成

了一条规则知识。

4.5.2.3 用户需求规范化表示

提供高效的知识服务的前提和基础是对用户需求的规范化表示，通过用户需求规范化表示可以精准地获取用户的需求和问题，以提高服务的满意度。在用户需求规范化过程中，对于用户较复杂的问题，或无法直接解答的问题，可以采用分而治之的方法，借助规范化表示方法和技术，将问题依次分解为若干子问题来规划求解过程。对不同层次问题的规范化表示，有助于寻找用户问题与知识和资源的关联，促进用户问题逐步解答。因此，合理的问题表示和规范有助于提高问题解决效率。

4.5.2.4 映射的构建

在知识、资源以及用户需求规范化表示的基础上，方便建立三者之间的相互关联，形成资源、知识和用户需求的映射结构，如图 4.14 所示。在资源与知识之间形成资源—知识映射，这些映射是静态映射，不仅包含从资源到知识的映射，还包括从知识到资源的映射。资源—知识映射的主要任务是抽取和标识知识点，建立资源与知识点的关联等。本书以后的章节中均有详细阐述。例如对于信息资源：一个人的体温 39 摄氏度，并伴有头晕、鼻塞等症状，其映射的知识是感冒，在看

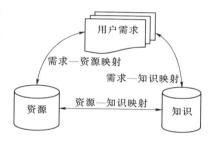

图 4.14　资源、知识和用户需求的映射结构

病过程中，医生在"体温 39 摄氏度，并伴有头晕、鼻塞等症状"资源中标记"感冒"，形成资源到知识的映射；再如要搜集知识组织方法相关知识，可以通过"知识组织"关键词搜索文献论文资源，也可以通过学科分类直接通过情报学的学科代码 G350 查找对应的信息资源，实现从知识到资源的映射。

针对用户不同的需求，需要动态构建需求—资源和需求—知识的映射，同时要根据用户问题分别映射到资源和知识，为问题解决提供资源和知识支撑。例如，用户搜集"基于粒度原理设计知识组织体系"的需求，首先通过分析用户需求涉及数学和图书情报两个学科，主要包括粒度和知识组织体系两方面的主题，然后通过这些主题知识在相关的资源上查找粒度和知识组织相关文献资料，分别建立需求—资源和需求—知识的映射关系。

知识和资源与用户需求的映射主要目的是解决用户实际问题，在问题解决过程中，将需求—资源和需求—知识的映射看成粗粒度映射，随着问题的解决，需要对映射不断细化和分解，形成不同层次的不同粒度的映射，图 4.15 所示为资源、知识和用户需求映射分解框架。

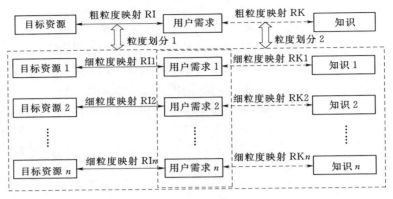

图 4.15　资源、知识和用户需求映射分解框架

用户需求映射到目标资源和知识是一种抽象的初步映射，主要是将需求与资源的集合相映射。我们将用户需求与目标资源之间的映射记作粗粒度映射 RI，用户需求与知识之间的映射记作粗粒度映射 RK。仅通过这些粗粒度映射无法为用户提供有效的解答，需要结合用户的实际需求，借助粒度划分将资源粗粒度映射细化，通过粒度划分 1 将粗粒度映射 RI 划分为粗粒度映射 RI1、粗粒度映射 RI2 直到粗粒度映射 RIn。将知识粗粒度映射细化，通过粒度划分 2 将粗粒度映射 RK 划分为粗粒度映射 RK1、粗粒度映射 RK2 直到粗粒度映射 RKn。对应的目标资源、用户需求以及知识也进行粒度划分，将目标资源、用户需求、知识分别划分为知识 1—n。通过这些划分逐步解决用户的问题，直到满足用户的需求。同时形成目标资源、知识与用户需求之间不同粒度的映射，建立不同层次的用户需求、知识、资源的多层次关联，为知识挖掘与推理提供灵活的知识来源，促进知识的有序化。

4.5.3　知识组织结构设计

知识组织结构设计需以服务用户为目的，面对不同用户的不同问题的解答，有的可能只需要粗粒度知识，有的可能需要经过多领域和多层次的知识关联、交融、推理得到复合型知识，还有的可能需要以积累的实验证据为基础而构成细粒度知识。因此，一个统一粒度分类的、知识固化的知识组织结构难以满足用户的各类需求。所以，为了有效解决知识组织各阶段对问题解决所需知识的要求，借助粒度原理将各类知识分为知识资源、知识单元、知识元三个同粒度层次，每个层次内部进行横向相互关联，层次之间进行纵向相互关联，形成网格化关联网络，根据用户需求动态组合后可获取所需不同粒度大小的知识，图 4.16 所示为知识组织粒度结构，首先将知识资源进行初步分类形成领域知识、用户背景知识、实例知识等，形成覆盖领域业务需求、用户个人需求、外部环境等多方面；其次在知识资源基础上，结合知识资源本身和用户需求将知识资源分解成多个相对独立又有关联的知识单元，每个知识单元包括领域知识类型、知识本身属性、与需求关联等，各知识单元之间相关关联，形成较细粒度的知识单元层；最后在知识单元层基础上细分后形成更细粒度的知识元层，每个知识元就是一个知识节点，包括知识需求、知识来源、知识背景、知识内容、知识使用对象等，各知识元之间通过用户需求和知识本身进行相关关联。在知识组织过程中，针对用户的要求明确，可能涉及知识粒度结构中的粒度层，并进行分类采集、挖掘和推理，为用户问题的解答提供合理的知识结构层次。

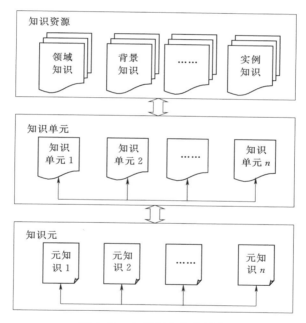

图 4.16　知识组织粒度结构

4.5.4　再生知识的产生

再生知识的产生是知识组织过程中的"大脑"，即借助知识单元、信息资源、数据间的关联，通过推理、融合、演绎、归纳，形成新的知识的过程。再生知识产生过程中遵循有效性、新颖性、潜在有用性以及最终可理解性等原则。有效性是指发现的模式对于新的数据仍保持有一定的可信度。新颖性要求发现的模式是新的。潜在有用性是指发现的知识有实际效用，如用于决策支持系统里可提高经济或社会效益。总之，再生知识为解决用户的问题提供有力支撑。

　　再生知识的产生主要通过对知识的挖掘和推理实现，针对用户需求、资源和知识表示，融合用户的需求和情景，以解决用户问题为主线展开知识挖掘和推理。在求解用户问题时，可从不同角度认识和分解问题，通过知识与资源映射，利用粒度分类、聚类、引用和关联等操作，寻求隐含知识中的潜在模式或规律，为问题求解提供可能的资源和知识。如果已经获取问题相关的资源和知识，可通过自适应调节机制在均匀、统一粒度下进行粒度知识聚类，针对用户的问题和情景，结合目标资源和知识实际的数据特征选择不同挖掘和推理方法，通过粒度知识之间关联和引用分析，形成一个动态优化学习过程。该过程从解决问题出发，对知识、资源以及用户问题进行关联、分析、挖掘和推理，并对产生的新知识进行检测和修正，最终形成针对用户问题解答的再生知识，再生知识产生过程如图 4.17 所示。

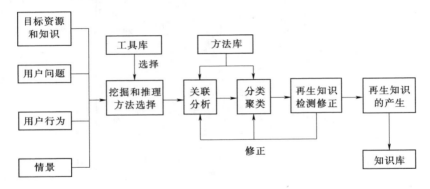

图 4.17　再生知识产生过程

4.5.4.1　挖掘和推理方法选择

　　挖掘和推理方法选择主要针对用户的问题和目标资源的特征进行选择。常用的挖掘和推理方法有决策树法、分类算法、神经网络法、粗糙集、近邻推导、规则推导等多种方法，而每种方法都有不同的应用范围和优势，因此在解决各类子问题时，应结合问题和目标资源特征，选择最适合的挖掘和推理方法解决子问题。例如，对于用户的问题，根据决策树法将整个问题逐级分解成较小的问题，分类过程可以按照非均匀粒度标准进行，问题域为 Q，则可以分为 $\{Q_1，Q_2，\cdots，Q_n\}$ 等 n 个子问题，这 n 个子问题可以根据需要进行再细分，上一级是下一级的抽象，下一级是上一级的细化，自底向上逐级综合得到用户问题的解，对于每个子问题可以根据子问题实际情况来选择挖掘和推理方法。

4.5.4.2　关联分析

　　为了从资源、知识以及用户需求中发现事先不知的关联信息，挖掘隐藏在资源间的相互关系。关联分析是根据信息间已有的关联关系，并通过设定关联规则，构建新的关联信息网，并根据用户问题，在用户问题和资源之间建立宏观的联系。例如，在购物篮分析中，尿布和啤酒两种商品看似没有购物上的关联，但通过对购买商品过程中的购物关联分析，则得到尿布和啤酒的经常性的购买关联，这种关联关系的呈现，为重新组织货架提供了现实依据。所以，关联分析的目的，也是为了更有效的组织知识。常用的关联分析方法有简单关联、时序关联以及因果关联等。

4.5.4.3　分类聚类

分类是描述不同资源或知识之间区别的特征，按照统一标准进行区分，一般通过规则和决策树模式表示。聚类对于粒度较小的资源和知识按照统一和均匀粒度方式进行聚类，并使得聚类知识与先验知识协调起来。常用的聚类方法有统计分析、机器学习和神经网络等。

在聚类过程中通过知识聚合度来描述知识之间的关联程度，即知识聚合度：假定对知识 M_1 使用的活动（Activity）数目为 $A(M_1)$，同时使用知识 M_1 和知识 M_2 的活动数目记为 $A(M_1，M_2)$，则 M_1 和 M_2 的聚合度为 $I(M_1，M_2)$；如果存在多个知识 $M_1，M_2，\cdots，M_i$ 的聚合，则聚合度为 $I(M_1，M_2，\cdots，M_i)$。其中

$$I(M_1,M_2)=\frac{A(M_1,M_2)}{\frac{1}{A(M_1)}+\frac{1}{A(M_2)}}$$

多个知识的聚合度表示如下：

$$I(M_1,M_2,\cdots,M_i)=\frac{A(M_1,M_2,\cdots,M_i)}{\sum\frac{1}{A(M_i)}}$$

知识聚合度表明了知识之间的相关程度，聚合度越高则相关程度也就越大，因此可以设计聚合度阈值来筛选密切关联的知识，并借助分类和聚类方法在这些知识中进行深度挖掘。如果挖掘的结果不能满足要求，则可以调整聚合度阈值，重新筛选和挖掘，如此测试，使之达到满意的结果。分类和聚类的同时也形成新的知识，产生的新知识需要进行再生知识的检测和修正处理。

4.5.4.4　再生知识检测和修正

在再生知识形成过程中，利用偏差检测等手段检测出分类和聚类中的反常实例、不满足规则的特例等情况，结合用户实际使用情况的反馈完善再生知识，并通过调整分类和聚类来修正再生知识，最后将修正后的再生知识直接放入知识库，作为知识组织的知识来源。

4.5.5　知识组织的实现

知识组织的目标是满足用户的知识需求，能提供对用户问题的满意解答。知识服务崇尚的可视化展现来自于知识组织的优良结构，信息的关联、数据的多维联系、知识的语义标注为知识的可视化以及知识服务奠定了基础。由于知识服务是面向不同文化程度和不同工作特征的用户，并为他们提供所需要的特定知识和服务。所以，以用户为中心的知识组织应具备面向用户需求和问题、适应个性化专业化服务、实现知识的增生等特点。

为了提高知识服务的准确性、完整性和灵活性，知识组织的实现采用面向服务的架构（Service - Oriented Architecture，SOA）设计知识组织实现过程，SOA 的核心思想是面向服务，将知识服务分解为细小简单任务的单元，即微服务，这些微服务遵循独立自治、松散耦合以及复用率高等特征，知识组织实现过程就是组配这些微服务实现最终的知识服务。与知识组织体系相对应，知识组织的实现过程也分成相应三层：信息资源、知识组织、微服务平台，图4.18 给出了知识组织实现的基本过程。

信息资源是知识组织的给养平台，在信息资源中将用户的需求、目标资源按照知识元、知识单元以及源文献的结构方式组织和存放，其中用户需求库主要包括用户的行为和问题，目标资源不仅包括检索和标引用的叙词表、主题词表、术语表和分类表等传统知识组织工具，还包括文献数据、事实数据、专业领域数据等数据资源。

知识组织是实现知识服务的基础和核心，通过构建各类知识库存放知识、资源、用户需求及其映射，对传统知识组织体系保持原有的逻辑结构和术语表现形式，通过映射和关联形成知识资源库、语义库、知识地图、规则库以及方法库等，这些库内以及库之间相互关联形成静态知识网络，为知识服务提供有力支撑。

微服务平台是实现知识服务的有力保证，它结合 SOA 思想将解答用户问题的过程分解为若干个相对独立的微服务，通过组配提供个性化和专业化的知识服务。这些微服务分为可视化服务、知识生产服务以及微服务管理三类。可视化服务根据用户问题提供可视化输入服务接收用户的问题，同时将问题推送给知识生产服务进行解答，并将结果以可视化的形式输出；知识生产服务主要针对用户提交的问题，通过对目标资源进行获取和清洗、关联和映射、挖掘和推理等处理过程后，在解决用户问题的同时产生再生知识；微服务管理主要根据用户需求进行微服务创建，在问题解答过程中集成和组配各类微服务确保解决用户的问题，为了保障微服务高效地完成任务，需要对微服务进行设置和更新等维护。

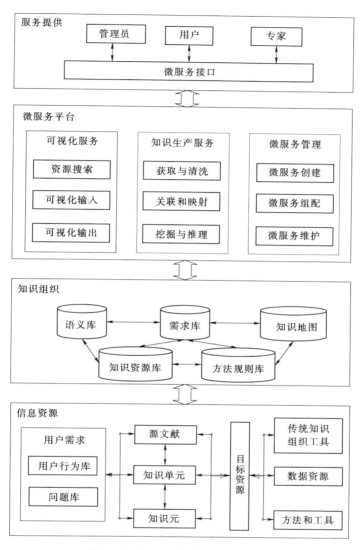

图 4.18 知识组织实现的基本过程

服务提供是通过微服务接口与各类用户进行交互,用户类型主要包括一般用户、专家和管理员三类,其中一般用户主要是提出问题和对问题解答的反馈,专家主要是熟悉一些领域或者相关行业的各类专家,为知识组织提供远程支持,管理员负责对知识组织整个过程进行管理和维护,提供对知识库的新增、删除、更新和管理等功能。

本章总体架构城市型水灾害突发事件信息采集和组织,为了更好地服务突发事件快速响应,首先,明确信息采集原则、分类和采集流程,确保采集到可靠和全面的信息，并对采集的静态和动态信息进行规范化表示；其次，通过构建信息安全管理和共享利用机制促进信息安全健康流通；然后，借助知识组织理论和方法，详细阐述城市型水灾害突发事件欲组织知识资源、知识、资源与用户需求的映射、知识组织结构设计、再生知识产生以及知识组织的实现等过程，从资源驱动方式组织城市型水灾害突发事件各类知识，为事件应对提供信息采集和组织的支撑。

第 5 章

城市型水灾害突发事件应急响应情报分析

　　情报分析是城市型水灾害突发事件快速响应的关键环节，是整个情报工作的结晶所在，也是实现城市型水灾害突发事件快速响应的充分体现，情报体系中各子系统的工作主要服务于突发事件的情报分析。应急响应情报分析是在对应急事件信息的采集、处理和组织基础上，以快速响应为目标，借助情报分析方法，结合应急事件处理的经验知识，对应急事件多源信息进行深度分析和挖掘，最终获取有效情报，支撑应急事件的事前预警、事中处理和事后总结等工作。因此，应急响应情报分析系统需要对应急事件的信息进行分类、处理、融合，形成应急事件内部和不同事件之间的立体关联框架结构，分析、挖掘出应急事件的内外关联和演化规律，产生出提供突发事件预警报告、事件发生后的决策支持报告、事件平息后的善后处理分析报告。

5.1　应急响应情报分析系统框架

　　应急响应情报分析系统是突发事件应急响应的"大脑"，是贯穿突发事件事前预警、事中处理和事后总结阶段的情报分析中心，在应急情报采集、处理和组织基础上，针对不同阶段情报分析特点和不同分析的要求，明确在整个应急响应情报体系中的定位，形成应急响应情报分析框架，通过突发事件信息形式融合、特征级融合和决策级融合，促进突发事件事前预警情报、事中应急响应决策支持的情报以及事后总结评价的情报产生，通过情报服务不断补充和完善应急响应情报分析系统。

5.1.1　总体框架

　　为了实现情报分析支撑应急响应的目标，有必要对应急响应情报分析过程进行总体规划和设计，形成如图 5.1 所示突发事件应急响应情报分析系统框架，在突发事件应急响应情报采集、处理和组织基础上，将应急情报分析分为事前预警分析、事中响应分析以及事后总结分析三个阶段，每个阶段情报分析包括情报分析输入、情报加工分析以及情报分析产出三个过程。在情报分析输入过程中，输入突发事件社会信息、业务数据、领域经验知识以及应急情报采集、处理和组织阶段的成果等多源事件信息，这些信息包括非结构数据以及手工或者自动采集的数据等多源异构的数据，同时还包括不同阶段情报分析的要求，借助技术手段将这些信息规范后形成突发事件情报分析信息资源库，实现突发事件多源数据形式融合，是应急情报分析的基础。在情报加工分析过程中，针对突发事件应急情报分析的任务要求，结合突发事件事前预警、事中处理和事后总结等阶段不同特点，针对突发事件各阶段急需快速处理的问题，从突发事件预警、处理和跟踪多角度分析问题的解决方案，结合突发事件领域的经验知识，借助数据挖掘、统计分析等方法构建情报分析模型，给出问题的最优解答，实现突发事件特征级内容融合和决策级深度融合。在事前进行识别和预警分析，产生事件预警分析报告，事中对突发事件进行关联和相似分析，挖掘历史突发事件的潜在特征规律、应急处理规律、灾害损失规律等，形成事中应急响应报告，事后对突发事件次生灾害和损失评估分析，形成事后总结报告。在情报分析产出阶段，以情报服务方式，在相应阶段及时推送预警分析报告、响应分析报告以及事后总结报告，将产生的突发事件各阶段新的情报以服务方式推送到突发事件各级管理和决策部门，同时对情报的使用效果进行反馈。

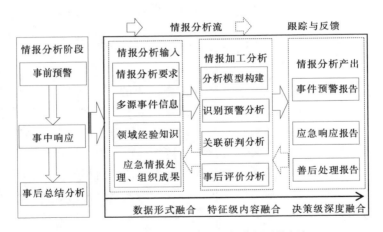

图 5.1　突发事件应急响应情报分析系统框架

应急响应情报分析不仅是信息处理和加工，而是通过突发事件信息的分析和融合产生快速响应突发事件有用的信息或者决策，为突发事件快速响应提供可靠、及时、科学的信息支撑。应急响应情报分析系统中融合是基础和核心，首先进行突发事件情报融合，针对多源突发事件数据，进行数据形式、特征级内容和决策级深度三个层次的融合，为事前预警、事中处理以及事后总结等不同阶段的情报分析提供系统性思路，注重多部门协调联动的动态实时过程；然后针对突发事件不同阶段进行有针对性的情报分析，在事前预警阶段进行突发事识别和预测模型构建；在事中处理阶段进行事件关联、相似度以及研判分析，同时提供相应的情报服务；在事后总结阶段进行事件分类总结，形成突发事件影响响应的案例，对情报满意度进行评价，同时反馈到情报分析每个过程，促进满意度更好的情报产生。

5.1.2 应急响应情报分析特征

与信息检索和咨询相比，应急响应情报分析具有以下明显特征。

（1）明确的针对性。

对需要分析的问题进行明确界定，识别和确定需要进行分析的对象，必须确定用户进行情报分析的原因，分析结果将支持什么样的决策，而分析的成功取决于其对问题的准确界定和定义。

（2）高度的智谋性。

在当今大数据时代，内外部环境瞬息万变，对情报分析提出需求敏感性、数据多源性、分析智能性以及服务嵌入性等新的要求，因此情报分析不仅需要在原有信息采集和处理分析，更要侧重海量数据的实时分析、不断调整和输出动态变化以及给出科学合理的决策。

（3）处理时间的紧迫性。

应急响应情报分析是在特定的应急环境下，会影响突发事件态势因素瞬息万变，若处理过程稍慢，产生的结果有可能失效或者错误，信息的时间价值尤其突出。因此应急响应情报分析的时间要求非常严格，需要在约定时间内快速产生准确的决策信息。

（4）分析的协作性。

协作是情报分析系统不可或缺的一部分。特别是在当前大数据环境下，对协作的支持程度提出更高的要求。从现有情报分析系统支持的协作方式来看，主要包括基于资源共享的协作、基于内容层面的协作和基于功能层面的协作。而真正提炼出支撑应急情报，需要从系统视角进行分析协作。

5.1.3 应急响应情报分析功能

应急响应情报分析功能不仅具有传统情报功能，还要有针对突发事件的应急环境下的情报分析和新情报产生的功能。

（1）突发事件信息融合功能。

在突发事件应急响应过程中，可以获取到多部门、多形式的各类原始数据，这些数据存在容量大、信息价值密度低、混乱等特征，因此要对这些信息进行分析之前，有必要对这些信息进行清洗、规范化处理，突发事件信息融合从数据形式融合—特征级内容融合—决策级深度融合逐步深入，把突发事件各类信息按照不要分析程度的要求进行融合，为有效情报分析提供数据来源。打破部门分制、地域界限，疏通突发事件信息流通通道，形成突发事件信息流通和共享的有效机制，最大限度降低和化解信息不对称所导致的决策失误，为情报分析提供可靠和充足的突发事件信息原材料。

（2）突发事件事前预警功能。

毕竟突发事件在日常常规事件中所占比例小，但是突发事件都是由常规事件演变而来的，因此对常规事件进行监测，把握常规事件的发展动态，根据常规事件相关数据，考虑突发事件产生的孕灾环境等多种因素，通过自动采集和人工信息等多种方法获取常规事件实时信息，针对不同类型常规事件建立相应预测模型，设定突发事件产生的阈值，时刻关注常规事件动态变化，一旦达到阈值就立即启动预警，识别可能的突发事件，提取关键要素并进一步进行预测，为突发事件应急处理赢得宝贵的时间，也是应急响应情报分析的预警部分，也是突发事件管理部门的"尖兵"。

（3）突发事件事中应急处理功能。

在突发事件发生过程中，需要在情况紧急的情况下快速解决具体问题，这些问题呈现复杂性和紧迫性，需要在全面了解采集突发事件各阶段信息的基础上，针对问题进行分类组织、关联分析以及相似度分析等手段进行分析，并对问题的解答进行反复研判分析，最终通过对多源信息进行加工和融合，形成突发事件应急情报，将加工后的突发事件应急情报在适当时机、合适的服务方式传递给突发事件决策者，辅助其快速应对突发事件。但是这个过程复杂，处理要求高，时间紧迫，因此，突发事件应急处理时需要综合考虑承灾体、孕灾环境等多种要素，根据动态环境变化反复研判才能形成应急处理的方案，还要根据反馈进行及时调整。这是影响突发事件快速响应的关键环节，也是情报分析系统的难点和重点。

（4）突发事件事后总结反馈功能。

在突发事件事后总结阶段，应急响应结束后，需要对突发事件事前预警和事中处理进行评估和反馈，对情报分析过程进行总结和分析，总结和全面分析突发事件情报分析过程中的优点和不足，全面分析突发事件的起因、历程、造成的损失，评估应急应对措施和效率，总结应急响应的经验教训，为应急响应情报分析提供完善的指导建议，补充和完善突发事件的案例库，更新专家知识信息，提炼形成应急响应情报分析的知识经验。

5.1.4 情报分析方法体系

在传统突发事件分析时大多借助传统情报周期理论，对每个阶段情报的职能和结构进行详细描述，但不描述情报流程。在大数据环境下，要从海量数据中获取有价值的信息，仅仅有情报分析的目标和思路还远远不能满足应急响应情报分析的要求。因此为了更好地支撑突发事件应急响应的要求，在突发事件应急响应的目标下，依据合理的思路，借助恰当的情报分析方法来快速得到更加科学的分析结果。情报分析方法是应急响应情报分析的重要手段，也是催生有价值的应急响应情报产生的催化剂。

情报分析方法主要是服务于事前预测、事中处理、事后分析全过程，在不同过程中选择最适用和有效的方法，形成情报分析方法体系，其核心是以"快速响应"为目标，完善情报分析的逻辑过程，形成"确定目标—问题分解—建立模型—评估数据—填充模型—进行预测"的情报分析流程，而每个流程需要借助不同的情报分析方法，这些不同方法之间需要相互协调和交互。如针对城市内涝的突发事件，为了快速响应，需要借助防洪仿真分析、对气象信息分析、城市水文信息分析、排水信息分析等，融合多种情报分析方法，最后形成适用不同行业或者类型突发事件的快速响应。常用的应急响应情报分析方法详细描述见第 3 章 3.2 节，可以结合一种或者多种情报分析方法的优势进行集成和重组，在实际情报分析过程中往往采用多种分析方法集成的模式，为有效的应急响应情报产生提供方法支撑。

5.2 突发事件情报融合

从情报视角探讨突发事件响应中情报流动、处理和应用过程，其核心是情报的分析，与应急情报处理不同之处在于，应急情报分析在不同阶段问题驱动下，在应急情报采集、处理和组织阶段成果的基础上，借助分析方法构建情报分析模型，对突发事件多源信息进行多层次深度分析融合，为促使有效支撑应急决策的情报产生，需要对突发事件情报分析处理过程和阶段进行总体规划，按照多源形式、特征内容和决策深度三层次情报融合处理，并将这些处理过程应用到事前预警、事中处理和事后总结过程中。

5.2.1 突发事件情报融合框架

突发事件情报融合是信息融合的更深层次，在信息融合基础上，不仅仅从传感器、数据库、知识库和人类本身获取相关信息，还要针对应急响应问题对这些进行滤波、相关和集成的情报融合过程，也是把信息和情报转换为能付诸实施的知识，通过情报的无缝连接和融合，以支持各级用户的决策和行动，从而提高决策的效果。突发事件情报融合在突发事件组织机构协同配合和资源共享原则下，以快速响应为切入点，制定国家、省、市等各级突发事件组织结构的计划和情报需求，进行突发事件识别和分类、构建突发事件模型、构建突发事件应对策略相似计算模型、进行突发事件情感分析以及突发事件情报关联分析等过程，即基于突发事件的各种特征，自动发现相关联的突发事件，并提供预警。同时，挖掘已有突发事件之间的隐含信息，寻找突发事件的关联信息，从而进一步挖掘出突发事件背后的隐藏信息。

大数据时代给突发事件快速响应提供海量数据支撑的同时，突发事件的情报生成和服务也面临着更多的挑战。尤其是针对当前突发事件涉及部门众多、情报来源广泛、事件动态变化等特性，对突发事件情报融合便提出更高的要求。不仅仅要求采用传统组织模式对突发事件信息进行组织，更要跨部门多阶段、多主体、多层级融合突发事件信息，为突发事件情报产生提供保障，从而为突发事件快速响应提供智能支撑。突发事件情报融合框架如图 5.2 所示，根据突发事件特征和应急决策的需要，可以对突发事件信息进行多源数据形式融合、特征级内容融合以及决策级深度融合一个或者多个层次的融合，最终形成突发事件快速响应的情报，为突发事件事前预测防范、事中应急处置和事后严格问责提供决策支撑。

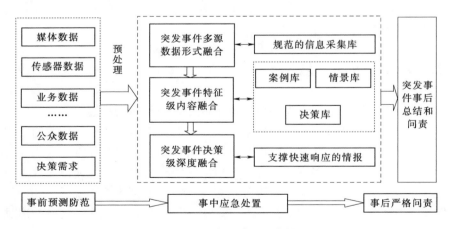

图 5.2　突发事件情报融合框架

突发事件多源数据形式融合，从公开和非公开渠道等多传感器广泛采集突发事件的业务数据、舆情信息以及决策预案等数据，通过过滤、清洗、分类后形成突发事件统一规范的信息采集库。

突发事件特征级内容融合，从影响类型、危害程度、产生原因、表现形式以及应对措施等多维度构建突发事件分类分级体系；从多阶段、多主体、多层级对多源突发事件信息有序化，借助知识元理论构建城市突发事件案例库、情景库和决策库；从致灾因子、演变链、事件链和预警机制等多主题融合构建面向空间和时间的突发事件知识单元关联网。

突发事件决策级深度融合，借助大数据方法、粒度原理和云模型，从不同融合颗粒和精度对城市突发事件多源信息深度融合，形成突发事件案例和演化语义网；融合决策主体反馈后对产生的情报进行快速评估后再次融合，直到产生对应急决策有价值的情报。

突发事件情报服务和实践，通过可视化技术，展示突发事件各类影响因素，通过情报服务化过程反馈、测试和优化突发事件的预警机制和快速响应融合过程，将产生的应急响应情报推送到相应的决策者中，为突发事件快速响应提供情报服务。

5.2.2　突发事件多源数据形式融合

突发事件涉及部门和主体众多，其中不同部门和政府、公众、媒体等都有不同形式的数据，是突发事件情报分析的基础。不仅有来自前端多传感器的实时数据，也有来自网络、微博等媒体的文本数据、突发事件应急处理方案或措施等数据，还包括应急情报采集、处理和组织阶段的成果数据等。突发事件多源数据形式融合主要任务是实现多格式数据的统一规范，为多源数据交互、沟通和处理奠定基础。例如，水灾害突发事件中水位、雨量等是从全国不同区域、不同型号传感器采集实时水情数据，水利管理部门按照水利部统一水雨情规范进行统一化，形成全国统一格式的水雨情数据库。例如，"茂名 PX 群体事件""博罗垃圾焚烧抗议事件""APEC 蓝""兰州水污染事件"等公共突发事件，需要从报纸、网站、微博等媒体采集大量相关的文本数据；还有突发事件涉及的空间信息数据、音视频数据、人员经验等多形式数据。

格式各异多源信息融合是突发事件快速响应的数据基础，这些数据类型众多、数据量大、变化快、抗干扰能力差，因此根据突发事件共性特征，在突发事件基础数据处理标准基础上，首先对突发事件进行分类，然后构建统一的突发事件采集库，然后根据不同类型突发事件行业背景和决策需求，形成四种类型突发事件统一规范数据采集库，不仅可以满足统一类型突发事件信息沟通，而且不同类型突发事件数据采集库之间也可以交互和沟通，大大丰富突发事件信息来源，提高数据交换的可行性。但对于突发事件数据量大、格式多、变化快等复杂特性，存在诸多干扰信息，难以快速处理，所以有必要借助数据形式融合的基础上，再对其进行进一步加工，以便精简和提炼支撑突发事件应急决策的特征信息。

同时，收集历史突发事件的处理案例，按照突发事件类别和影响层度等多维度形成突发事件应急决策措施分类，这些决策与突发事件案例有关，包括参与应急的人力、财力和其他要求，为突发事件应急提供历史决策支撑。例如，"8·12"天津滨海新区爆炸突发事件中，如果有决策库参考，对于化工仓库灭火可能会慎重考虑是否采用用水灭火的措施。

5.2.3　突发事件特征级内容融合

突发事件相关数据采集是其快速响应的前提和基础，随着信息技术飞速发展，突发事件快速响应从数据采集逐渐转移到数据处理过程，不仅要按照传统方式对采集的多源突发事件数据进行组织和处理，更要从问题驱动来主动组织突发事件数据，对突发事件数据进行分类和组织，需要最大限度清除噪声信息，从影响类型、危害程度、产生原因、表现形式以及应对措施等多维度提取不同类型突发事件特征，以便突发事件应急响应时快速比对，能获取支撑决策的信息。

通过按照不同标准对突发事件各类特征信息进行分类，分类过程包括以下四个方面：

（1）突发事件类别表示，将突发事件分为自然灾害、事故灾难、公共卫生事件和社会安全事件四类，作为四个父类，包括所有该类突发事件子类特征的并集。

（2）突发事件相关度的计算，通过分析两个不同类别的突发事件对应的影响类型、危害程度、产生原因、表现形式以及应对措施等多维度的交集，衡量两者之间的相关度大小。

（3）突发事件类决策树的生成，借助类决策法进行自适应动态构建突发事件分类模型，自底向下逐步生成决策树，根据各个子类之间相关度进行合并，直到得到一个根节点为止。

（4）突发事件子类标注，为每个突发事件子类增加标注，采用自顶向下的分类方法，逐层分类，直到叶子节点为止。可以根据现实突发事件和历史经验动态调整和优化突发事件分类分级体系，为突发事件信息快速关联和定位奠定基础。

在多源数据形式融合后，通过设定每类突发事件数据的清洁度、知识点和规则、知识之间关联度，对突发事件信息进行有针对性的初加工和提炼后形成可以量化、表示和度量的突发事件，形成不同类型突发事件特征，从事件演化角度把突发事件分为量变、量变—质变混合以及质变三种变化状态，构建不同特征突发事件之间的关联，形成突发事件特征级内容融合框架，如图 5.3 所示。

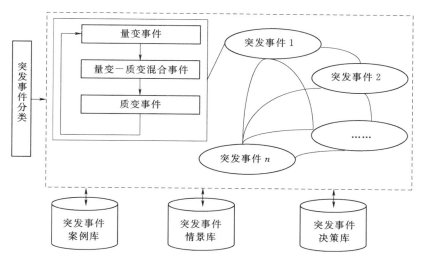

图 5.3 突发事件特征级内容融合框架

5.2.4 突发事件决策级深度融合

在突发事件事前预测、事中处理以及事后总结等环节中充分考虑人的决策需求，仅仅按照突发事件特征进行分析不能满足决策的要求，针对不同级别用户，决策目标和要求完全不同，所以需要对突发事件进行更深层次融合。例如，对于水库水位超过警戒水位，有水库管理站、区水利局、市水利局、市防汛指挥部等四级管理机构，而这四级管理机构需要的决策目标都不一样，对于水库管理站，只要超过警戒水位就要请示上一级区水利局，区水利局根据警戒水位情况，同时根据区水利局决策需求，结合此时情景分析后得到是否上报上级管理机构的决定。每一级管理机构中决策者需求都不一样，形成按照一定标准规范的各层次决策库，突发事件决策级深度融合重点侧重决策者需求驱动的突发事件分析和推理，从而能得到有效支撑各级决策者的决策。

为了解决不同级别用户的决策需求，需要借助大数据方法、粒度原理和云模型，从不同融合颗粒和精度对突发事多源信息深度融合，使得突发事件决策级深度融合，其主要目的是得到突发事件未来发展趋势的准确预测，重点是有效解决不同决策者应急响应要求的融合过程。在突发事件应急响应过程中，决策者决策需求按照事前、事中和事后阶段分解，决策者需求对应为突发事件对象评价、形势评价、影响评价三层次需求，在决策过程中根据突发事件事态变化，采用常规决策、应急决策和即兴决策一种或者多种方法，结合多源数据形式融合成果和情景，为用户提供动态的决策依据，形成如图 5.4 所示的用户决策驱动的融合框架。

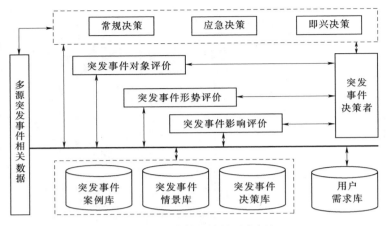

图 5.4　用户决策驱动的融合框架

　　突发事件决策级深度融合特别注重事件发展演化趋势，即兴决策一般在突发事件事前或者事件刚开始发生时使用，是在缺少决策的信息，时间紧迫环境下的非逻辑、有限理性的决策方式，随着事态不断发展，决策信息不断充实，以逻辑推理为主的常规决策和应急决策来支撑突发事件应急决策。例如，贵州瓮安事件由普通刑事案件演变为群体性突发事件，游行队伍围攻县政府、县公安局时，掌握支撑决策信息较少，时间紧迫，事态发展迅速，需要领导即兴决策处理事态。

　　为了有效实施突发事件三层次的信息融合，将突发事件分为事前预测，事中处理、决策、服务以及事后总结等环节，根据所在环节任务和目标进行不同层次的信息融合，最终实现识别突发事件、分析突发事件信息、生成支撑突发事件有价值的情报、提供突发事件快速响应的情报服务，同时形成突发事件经验和教训，并归档进入突发事件案例库。突发事件情报分析过程如图 5.5所示。

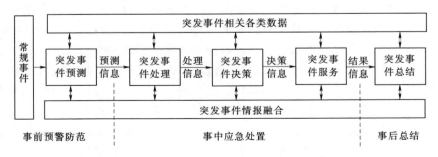

图 5.5　突发事件情报分析过程

5.3 突发事件事前预警分析

突发事件的预测是在突发事件数据形式融合基础上，借助预测方法和工具获取突发事件的前兆，比较准确地揭示突发事件在未来一段时间内事件的发展变化，预测到可能出现的各种情况，从而为突发事件赢得更多准备，为制定计划和做出决策提供突发事件的预警信息，最大限度地降低突发事件带来的损失。要尽可能避免决策和计划的片面性和局限性，提高突发事件预测的全面性和准确性至关重要。通过预测，帮助政府管理部门、公众发现突发事件预防缺乏在哪些方面缺乏必要的控制，以便及早采取改进措施，把突发事件消灭在萌芽状态。突发事件预测主要包括信息获取和预测对象确定、方法选择和模型准备、模型构建和求解、模型检查和验证以及模型应用等过程，如图 5.6 所示为突发事件感知和预测分析过程。

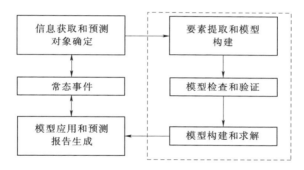

图 5.6 突发事件感知和预测分析过程

5.3.1 突发事件信息获取和预测对象确定

在常规事件中获取各类监测数据、业务数据等多源信息，这些信息具有多数据源、覆盖范围广、数据量大、实时性强、随机性大等特点，只要与常规事件或者突发事件相关的信息都要获取，并监测异常变化状态，同时关联事件对应的业务数据，形成突发事件事前事件信息，这些信息的全面性直接影响事前预警的效果。例如，通过对移动终端数据的监测，可以得到城市人口流动趋势，可以监测到国家法定长假常态事件，也可以预测类似上海外滩踩踏群体性突发事件。

由于各类数据广泛、种类繁多，为了有效获取突发事件事前监测信息，需要对获取信息进行分类抽取，同时结合国家相关标准制定相应的信息抽取模板，结合突发事件基础数据处理标准，突发事件获取的信息主要包括突发事件基本要素信息、对经济社会影响的信息和数据来源信息三个大类。不同的突发事件可以对每个大类细分为多个子类。如"突发事件基本要素信息"囊括了自然灾害事件基本要素表、事故灾难事件基本要素表、公共卫生事件基本要素表、社会安全事件基本要素表和案例关系表五个类别;"对经济社会影响的信息"则划分为国民经济行业影响表、社会管理影响表、国民经济行业分类表、行政管理分类表、舆情表、咨询建议表等。例如,对于水灾害突发事件中水情信息的抽取,可以按照中华人民共和国水利行业标准《实时雨水情数据库表结构与标识符标准》(SL 323—2011)基础上,形成水灾害突发事件水情信息抽取模板和存储格式。但是这些突发事件信息虽然按照一定格式抽取和存储,但不便于这些信息共享和分析利用,为了充分发挥突发事件信息的利用价值,从信息产生、处理、分析、输出等全生命周期综合利用角度出发,借助元对象设施方法,结合不同类型突发事件的业务知识,构建全生命周期突发事件元模型,根据四大类突发事件,依照事件范式标记语言,分别构建自然灾害突发事件元模型、事故灾难事件元模型、公共卫生事件元模型以及社会安全事件元模型。例如采集微博信息数据进行预处理后的事件包括 6 个构成要素:主体(谁发生了什么事件)、客体(谁是受事方)、地点(事件在哪发生的)、时间(什么时候发生的)、起因(为什么会发生这个事件)、过程(事件的相关进展或发展过程如何),可以按照以下 xml 文件格式存储"女孩坠入下水道"事件,同时一个 xml 文件可以存放多个事件。

在进行突发事件预测时需要明确预测的对象,突发事件预测对象可以是对公众的安全和广泛利益具有重要影响的事件,或者是影响组织最高目标和利益的重大事件,或者是最常发生的意外事件、突发事件、敏感事件,还可以是组织的脆弱环节、薄弱环节和易受冲击的环节。总之,突发事件预测的对象是获取突发事件发生前或者可能发生的迹象。

5.3.2　突发事件关键要素提取

为了得到有价值的预测信息,将常规事件和突发事件转变看作一个开放的复杂系统,不断与外界进行信息交换,同时自身状态也不断变化。因此可以将突发事件看成一个系统,对突发事件相关的各类因素进行系统视角的分类,包括输入因素、过程状态、输出结果三部分,图 5.7 所示为突发事件各类影响因素,在此框架基础上,针对每类具体的突发事件的影响因素进行分类,找出突发事件影响因素之间的关联关系,确定突发事件影响因素集。针对不同类型的突发事件,影响因素集主要包括输入层、事件演化层以及输出层,其中输入层影响因素侧重在灾害体、承灾体、孕灾环境和抗灾体;事件演化层影响因素侧重在事件和承载体的实时状态;输出层影响因素侧重事件后果和外部环境影

```
<Event>
<DataId>22</DataId>
<Date>2013/3/24 10:20:00</Date>
<Type>微博</Type>
<Url>http://weibo.com/1314608344/zoTckyrnj</Url>
<EventClass>继续搜救坠入下水道的女孩</EventClass>
<EventName>坠入下水道的女孩 28 小时仍无消息搜救仍在继续</EventName>
<EventType>搜救</EventType>
<Original>【坠入下水道的女孩 28 小时仍无消息】长沙落入无盖下水道失踪的 21 岁
女孩杨丽君,截至今日凌晨仍无消息。目前,搜救仍在继续。当晚一起回家的小阳说,当时
她在前面走,丽君在后面,当她回头想拉着丽君手时,丽君已掉进下水道……她在微信最后
说的是:"啊,好冷啊!"为 21 岁的年轻生命祈祷!via 潇湘晨报</Original>
<Annotated>【坠入下水道的女孩 28 小时仍无消息】<where e="1">长沙</where
><why e="1">落入无盖下水道失踪</why>的 21 岁<whom e="1">女孩</whom
><whom e="1">杨丽君</whom>,截至今日凌晨仍无消息。<when e="1">目前
</when>,<what e="1">搜救</what>仍在继续。当晚一起回家的小阳说,当时她在
前面走,丽君在后面,当她回头想拉着丽君手时,丽君已掉进<where e="1">下水道</
where>……她在微信最后说的是:"啊,好冷啊!"为 21 岁的年轻生命祈祷! via 潇湘晨报
</Annotated>
<WeiboType>社会>灾难、事故与救助</WeiboType>
</Event>
```

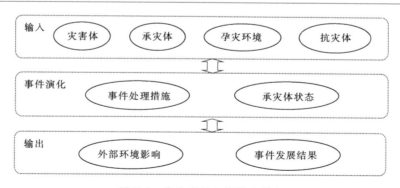

图 5.7　突发事件各类影响因素

响等,输入层是各类信息的入口,尽可能把相关的信息都纳入到监测范围内。

在城市型水灾害突发事件中需要根据三层影响因素逐层分解,参考突发事件领域专家和行业部门经验进行分解,直到不可再分为止,形成如表 5.1 所示的城市型水灾害突发事件影响因素集。

表 5.1　　　　　　　　　城市型水灾害突发事件影响因素集

一级	二级	三级	备注
输入层	灾害体	灾害类型	
		内部状态属性	
	承灾体	地理位置	
		数量	
		内部属性	
	孕灾环境	预防措施	
		公众舆情	
	抗灾体	群众意识	
事件演化层	承灾体状态	集水状态	
	处理措施	应急预案	
	应急	应急物资	
输出层	自然环境	天气变化	
	人文环境	舆情监测	
	事件发生结果	灾害损失	

5.3.3　突发事件识别和预测模型构建

突发事件识别和预测是在常规事件转变为突发事件之前，属于突发事件事前管理阶段，因此尽可能早地预测并识别突发事件发生是突发事件预测的核心任务，也是突发事件的尖兵。目前有多种预测方法，由于各种预测方法都有各自适用范围和优势，按预测的性质大致可分为定性预测法、回归预测法、时间序列预测法和组合预测法四类，表 5.2 所示为预测方法分类。人们常常采用多种预测方法组合方式进行突发事件的预测，通过各类方法的效果比较，基于贝叶斯网络的预测模型效果比较好，所以，突发事件预测模型以贝叶斯网络为例来解释突发事件预测过程。

表 5.2　　　　　　　　　　预 测 方 法 分 类

预测方法	适用范围	具 体 方 法
定性预测	缺少历史统计资料或趋势面临转折的事件	德尔菲法、主观概率法、领先指标法、情景预测法、模拟推理法和相互影响分析法等
回归预测	研究因变量和自变量之间相互关系	一元线性回归、多元线性回归和非线性回归等
时间序列预测法	在考虑时间变化的基础上研究变量发展	时间序列分解分析法、移动平均法、指数平滑法、灰色预测法、干预分析模型法等
组合预测法	把不同的预测模型组合起来，产生一个新的模型	贝叶斯网络、人工神经网络、简单算术平均法和加权平均法等

针对采集和融合的各类突发事件数据，结合历史案例和专家经验知识对这些突发事件数据进行处理和预测分析，贝叶斯网络擅长不确定知识表达和推理，因此，利用贝叶斯网络方法表示变量间定性定量相关关系，构建突发事件贝叶斯网络有向无环图，通过贝叶斯网络生成突发事件预警信息，能够完成快速定位和报警，目的是尽可能形成有用的预测知识，或者是产生新的预测情报。基于贝叶斯网络突发事件预测模型构建过程如图 5.8 所示，最后参照国家应急管理相关规范和标准形成突发事件预警分析报告，作为预警分析过程中产生的应急情报成果，以便应急管理和突发事件涉及部门能够第一时间理解预测级别和危害。

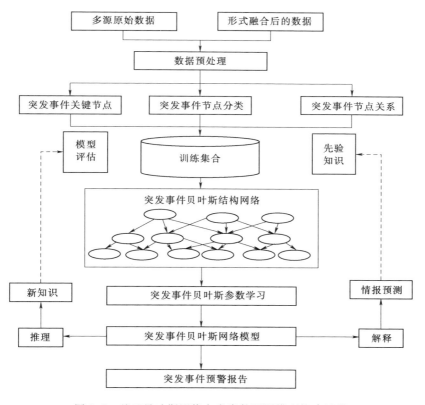

图 5.8 基于贝叶斯网络突发事件预测模型构建过程

例如，针对水灾害突发事件的预测，可以利用贝叶斯网络构建预测模型，主要步骤如下：

（1）采集各类水灾害突发事件实时和历史信息数据，主要包括暴雨、集水面积、滑坡等，首先要对这些历史数据和实时监测数据进行预处理来排除干扰

101

和突出信息，常用的预处理方法有一致性检验和相关性分析，剔除存在错误和系统误差的数据；然后对这些数据进行离散化处理。例如采集某一地区的降雨量数据后，按 12 小时和 24 小时降雨强度划分降雨等级，分为小雨、中雨、大雨、暴雨、大暴雨、特大暴雨，按照表 5.3 不同时段的降雨等级划分表进行离散化处理。

表 5.3　　　　　　　　　　　　不同时段的降雨等级划分表

等　级	时段降雨量/mm	
	12h 降雨量	24h 降雨量
微量降雨（零星小雨）	<0.1	<0.1
小雨	0.1～4.9	01～9.9
中雨	5.0～14.9	10.0～24.9
大雨	15.0～29.9	25.0～49.9
暴雨	30.0～69.9	50.0～99.9
大暴雨	70.0～139.9	100.0～249.9
特大暴雨	≥140.0	≥250.0

（2）建立贝叶斯网络结构图，水灾害相关变量定义，在相关领域专家的指导下选取水灾害突发事件相关的输入变量，这些输入变量能总体反映或者影响水灾害突发事件的发生和演化，水灾害突发事件影响因素分为气候因素、人为因素和实时因素三类，表 5.4 所示为水灾害突发事件影响的输入变量列表。输出变量为水灾害突发事件的预警级别，按照严重性和紧急程度，分为特别严重（Ⅰ级）、严重（Ⅱ级）、较重（Ⅲ级）和一般（Ⅳ级）四个预警级别。

表 5.4　　　　　　　　　水灾害突发事件影响的输入变量列表

一级因素	二级因素	说　　明
自然因素	气候因素	年降水量、雨季长度、降水强度
	地形因素	河流中下游地区地势低平，排水不畅
	位置因素	河流上游的水大量汇流到河流中下游地区，中下游水量太大，易发洪水
	河流因素	河流流域面积大，支流多，干流水量大；一些河段形成"地上河"；河道弯曲，排水不畅，易发生洪水灾害
人为因素	河流湖泊植被破坏	河流上游植被破坏严重，河道泄洪能力下降；湖泊变浅，蓄洪能力下降，易发洪水
	围湖造田	使湖泊面积缩小，蓄洪能力下降，易发洪水
	河道堤防年久失修	河堤年久失修，分洪、蓄洪工程不足

续表

一级因素	二级因素	说　明
	12 小时降雨量	12 小时内降落在某面积上的总雨量
	24 小时降雨量	24 小时内降落在某面积上的总雨量
实时因素	实时水位	河流湖泊实测的水位
	警戒水位	河流湖泊主要堤防险情可能逐渐增多的水位
	保证水位	汛期堤防及其附属工程能保证安全运行的上限水位

（3）构造贝叶斯网络中节点之间的条件概率表，水灾害突发事件的有向无环图（Directed Acycline Graph）由一个节点集合和一个有向边集合组成。节点集中的节点变量可以是水灾害相关的影响因素，和水灾害突发事件发生具有一定关联性。有向边表示变量之间的依赖或因果关系，有向边的箭头代表因果关系影响的方向性（由父节点指向子节点）。节点之间若无连接边，表示节点所对应的变量之间是条件独立的。主要是构建出一个有向无环图并给出图中每个结点的分布参数，即每个节点都对应一个条件概率分布表（CPT）。图 5.9 所示为水灾害突发事件影响因素关系图。

一般情况下，构造贝叶斯网络主要有历史数据训练学习和领域专家调整结合的方式，首先，通过大量的训练数据来学习贝叶斯网的结构和参数。这种方式完全是一种数据驱动的方法，具有很强的适应性。随着大数据的不断发展，这种方法具有较强的实用性。其次，由相关领域专家确定贝叶斯网络中的结点变量，通过专家的知识来指定网络的结构。再通过机器学习的方法修正水灾害突发事件贝叶斯网络中人为、自然以及实时因素的阈值。

（4）选取最优学习算法得到贝叶斯网络结构图来计算水灾害突发事件的后验概率分布公式，将得到的后验概率分布公式对水灾害突发事件进行预报，水灾害预警通过危害程度、紧急程度以及可能性三个指标来体现，最后结合水灾害相关预报国家规范形成水灾害预警报告，表 5.5 所示为城市型水灾害突发事件预警分析报告，为相关管理部门和个人提供预警决策支撑，提前做好突发事件的预警和防备。

表 5.5　　　　　　　　城市型水灾害突发事件预警分析报告

预警级别	暴 雨 橙 色 预 警
影响区域	预计未来 3 小时内常州钟楼区、新北区南部、武进区西北部和天宁区西部地区降水量将达 50 毫米以上，容易积水形成内涝
发布时间	2016 年 8 月 4 日 15 时 47 分
危害程度	严重
紧急程度	比较紧急

续表

预警级别	暴 雨 橙 色 预 警
灾害发生可能性	高
信息发布	建议通过政府官网、微信平台以及短信息等多种方式告知公众
失效时间	2016 年 8 月 4 日 18 时 47 分
预防措施	(1) 政府及相关部门按照职责做好防暴雨应急工作； (2) 切断有危险的室外电源，暂停户外作业； (3) 处于危险地带的单位应当停课、停业，采取专门措施保护已到校学生、幼儿和其他上班人员的安全； (4) 做好城市、农田的排涝，注意防范可能引发的山洪、滑坡、泥石流等灾害

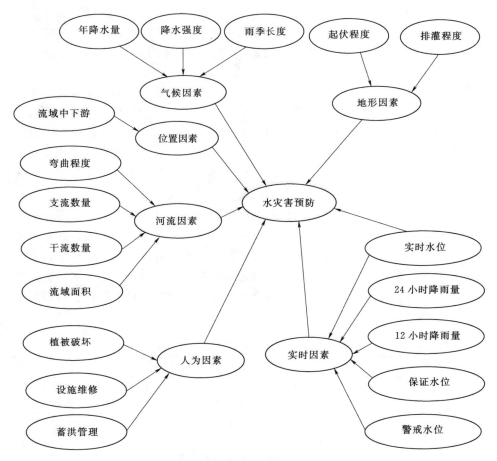

图 5.9　水灾害突发事件影响因素关系图

5.4 突发事件事中响应分析

采集的海量突发事件信息并不能直接有效地支持应急决策,需要结合决策者的需求进行处理分析后才能获得有价值的信息和情报,从而实现支撑突发事件应急决策的目的。因此,突发事件事中处理分析是以事前监测到突发事件为对象,以面向突发事件应急决策的情报体系为核心,融合海量突发事件的信息,首先快速定位突发事件,其次通过关联、相似分析等处理,最后通过服务形式将信息推送给决策者,为突发事件快速响应提供科学决策。在海量突发事件预警信息和事件特征信息等基础上,从情报视角构建突发事件事中处理框架,借助各类数据分析方法,明确突发事件类型,精准定位突发事件;其中突发事件关联分析、突发事件情感分析以及突发事件演化分析其突发事件事中响应分析的核心,是在突发事件事中快速正确处置的保障,不仅需要对已发生的突发事件案例进行分析形成经验知识外,还要结合突发事件实时情景,利用构建的突发事件模型以及突发事件应对策略相似计算模型进行处理分析,确保在突发事件事中实现快速响应和快速合理处置。突发事件处理分析将在应急情报响应知识库、突发事件案例库和策略库等的基础上,利用信息处理技术,对采集到的突发事件进行快速识别与分类,分析其演化过程,并进行相似性分析,深度挖掘、捕获正在发生的突发事件的各种信息同时,从中挖掘出有价值的信息,产生事中响应分析报告,为政府决策部门快速的决策提供情报来源。

5.4.1 突发事件内部关系构建

高效而准确地识别突发事件类型是应急响应情报分析的重要保证,只有确定突发事件的类型,掌握突发事件的内部关系,才能采取有针对性的应急措施,继而有效地控制突发事件的恶化,并进行积极的响应。因此,通过突发事件内部关系构建来精准定位突发事件,更加深刻地了解突发事件对象自身,对突发事件本身进行剖析,将颗粒度较大的突发事件进行细化和分层。例如,可以对突发事件分类来确定突发事件的类型、级别、发展阶段、发展态势等。突发事件内部关系构建是突发事件细化和分析的过程,图 5.10 所示为突发事件粒度化框架,把突发事件细化为一系列事件、事件类以及突发事件过程等多层。不仅能够清晰明确展现突发事件现状的属性(时间、地点、人口密度等)、应急对象的属性以及与事件相关联的属性等静态信息,还要描述突发事件起因、背景、事件过程、事件过后等动态信息,按照不同颗粒度大小对突发事件内部关系进行描述,有利于突发事件事中处理分析,方便各类突发事件信息共享和分析利用,为应急响应分析报告的产生奠定基础。

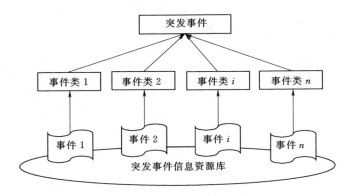

图 5.10　突发事件粒度化框架

5.4.1.1　突发事件规范化预处理

因此，对于此类突发事件预处理不能简单地进行单一的类型描述和定位，必须考虑突发事件事前、事中、事后全过程中的关键节点，这样才能有助于突发事件预警、快速响应和善后处理。目前仍缺乏对突发事件的统一描述机制，这使得突发事件术语难以成为各行各业的一致理解，从而导致大量结构化、非结构化的各类突发事件领域知识难以实现共享与重用。为了有效地解决这个问题，借助本体来描述突发事件，首先定义 1 来描述事件，然后分别定义自然灾害、社会公共、事故灾害、公共卫生等四类突发事件，根据 2008 年颁布的国家应急平台体系信息资源分类与编码规范，突发事件分为三层次，一级 4 个大类（自然灾害类、事故灾难类、公共卫生事件、社会安全事件），二级 33 个子类，三级 94 个小类。定义 2 来描述事件类，定义 3 是利用本体来描述突发事件。

定义 1（事件）指在某个特定的时间和环境下发生的、由若干角色参与、表现出若干动作特征的一件事情。事件可形式表示为 e，定义为一个六元组：$e=(A, O, T, V, P, L)$。

其中，突发事件六元组中的元素称为事件要素，分别表示动作、对象、时间、环境、断言、语言表现。

A（Action 动作）：事件的变化过程及其特征，是对程度、方式、方法、工具等的描述，例如"发生台风""发生森林火灾"等。

O（Object 对象）：指事件的参与对象，包括参与事件的所有角色，这些角色的类型数目称为对象序列长度。对象可分别是动作的施动者（灾害体）和受动者（承灾体）。

T（Time 时间）：事件发生的时间段，从事件发生的起点到事件结束的终点，分为绝对时间段和相对时间段两类。

V（Environment 环境）：事件发生的场所及其特征等。例如，大兴安岭发生火灾，场所：大兴安岭，场所特征：火。

P（Prejudge 断言）：断言由事件发生的前置条件、中间断言以及后置条件构成。前置条件指为进行该事件，各要素应当或可能满足的约束条件，它们可以是事件发生的触发条件；中间断言指事件发生过程的中间状态各要素满足的条件；事件发生后，事件各要素将引起变化或者各要素状态的变迁，这些变化和变迁后的结果，将成为突发事件的后置条件。

L（Language 语言表现）：事件的语言表现规律，包括核心词集合、核心词表现、核心词搭配等。核心词是事件在句子中常用的标志性词汇。核心词表现则为在句子中各要素的表示与核心词之间的位置关系。核心词搭配是指核心词与其他词汇的固有的搭配。可以为事件附上不同语言种类的表现，例如中文、英文、法文等。

定义 2 事件类，具有共同特征的事件的集合，用 EC(event class) 表示。

$EC=\{E, T_A, T_O, T_T, T_V, T_P, T_L\}$，其中，$E$ 是事件类的外延，例如包括水灾害、食品安全、群体性突发事件等具体事件的集合。$T_i=\{T_{i1}, T_{i2}, \cdots, T_{in}\}$，$i\in\{A, O, T, V, P, L\}$，$n\geq1$ 表示事件类的内涵，也是 E 中每个事件都具有共同的本质属性，T_{in} 表示事件类中每个事件在要素 i 上具有相同的本质特征属性。

定义 3 突发事件本体，突发事件本体是共享客观存在的突发事件类系统模型的形式化规范描述，用 EO(emergency object) 表示，可以用一个五元组表示，$EO=\{ECS, R, W, Rules, T\}$。其中

$ECS=\{EC_1, EC_2, \cdots, EC_n\}$ 表示事件类的集合；

$R=\{r|r$ 是$<EC_i, EC_j>$上的关系,$r\in\{R_R, R_S, R_F, R_C, R_M, R_{SP}\}\}$。

其中，R_R 表示因果关系，R_S 表示顺序关系，R_F 表示跟随关系，R_C 表示并发关系，R_M 表示互斥关系，R_{SP} 表示空间关系等。

$W=\{w_{ij}|w_{ij}$是有向边$<EC_i, EC_j>$上的链接强度$\}$，表示事件类 EC_i 对事件类 EC_j 的链接强度，链接强度用区间 ［0，1］ 之间的值来表示，可通过学习或遗忘改变；T 表示在 T 时刻的事件关系、链接强度等状态信息，随着外部环境和事件内因，事件一直都在动态发展和变化；Rule 由逻辑语言表示，可用于事件断言所不能覆盖的部分事件与事件间的转换与推理，对不同类型突发事件之间的规则可以不断补充和完善。

5.4.1.2 突发事件内部关系构建过程

针对不同类型突发事件，其概念、属性和关系的描述都相差较大，而且不同类型的突发事件涉及领域知识也不同，集合以下两种方法来构建突发事件本体，其一，采用基于文本识别的方法从文本预料中抽取和学习事件类、突发事

件类间的关系，得到本体原型，同时结合相应突发事件业务系统结构化数据完善本体；其次，领域专家或者管理者手工提炼、完善本体原型，直到达到预期满意度为止。以下重点以自然灾害突发事件来展示突发事件本体的构建，主要包括自然灾害突发事件概念、自然灾害突发事件属性分析以及自然灾害突发事件关系分析。

（1）自然灾害突发事件概念。针对自然灾害突发事件涉及的领域知识，为了事件处理和共享，概念是基本的知识单元，自然灾害突发事件概念应该是该领域公认的核心概念，有利于事件的语义关联和分析，为了保证语义一致性和分类规范性，尽可能采用国家相关标准进行构建自然灾害事件概念体系，这样有利于突发事件有效信息的采集和分析。图5.11所示为自然灾害突发事件概念体系。

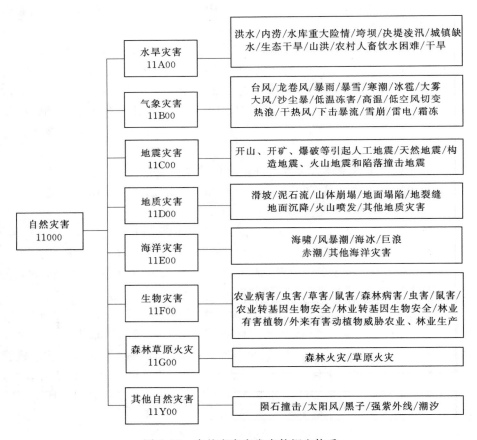

图5.11　自然灾害突发事件概念体系

（2）自然灾害突发事件属性分析。自然灾害事件属性信息是描述突发事件专题信息的重要内容，中文文本中自然灾害事件的属性信息分类没有特定的标准，由于灾害事件属性种类众多，不同事件的属性既有共性又有特性，难以界定属性分类。结合《突发公共事件应对法》《国家自然灾害救助应急预案》等标准，同时考虑后续自然灾害事件分析处理所需信息的需求，便于自然灾害突发事件快速处理，自然灾害事件的属性主要包括共有属性和特有属性。其中共有属性属于所有自然灾害共同拥有的属性，包括灾害成因、灾害影响〔主要包括受灾人口（万人）、死亡人口（人）、房屋倒塌（间）、房屋损坏（间）、农作物受灾面积（千公顷）、农作物绝收面积（千公顷）、直接经济损失（亿元）、失踪人口（人）〕、事前预警、事中应急处置、事后善后处理和恢复重建；特有属性是针对不同自然灾害类型所拥有的属性信息，如台风中心位置、中心最大平均风力、风圈半径、移动速度等是描述台风灾害事件的特有属性。

（3）自然灾害突发事件关系分析。建立自然灾害事件关联分析的目的是发现事件之间的联系规律，自然灾害突发事件之间关系主要包括分类关系和非分类关系两种，其中分类关系主要包括同义关系、上下位关系；非分类关系主要包括因果关系、顺序关系、跟随关系、并发关系、互斥关系、空间关系等。例如台风会引发暴雨、泥石流等次生灾害，洪水事件不可能和干旱事件同时发生。

5.4.1.3　多源数据事件内部关系加工

针对多源数据中文本、数据等结构化和非结构化突发事件信息，结合事件六要素和突发事件本体所需要信息，按照突发事件事前、事中、事后发展过程，凸显每个阶段的信息需求和流向，形成突发事件描述文档，主要包括标题、时间、地点、参与单位、事件背景、过程、救援、数据和服务、经验和教训等，为了增加事件过程的刻画粒度，对事件过程进行深度加工后，按照时间轴来描述事件的进展，更加详细地描述事件本身演化过程和对事件的处理。按照第 4 章 4.3.2 对 2015 年常州特大暴雨突发事件描述文档。

5.4.2　突发事件关联分析

在构建突发事件本体过程中涉及的链接强度是关联分析重要依据之一，充分利用已经发生的突发事件先验知识，根据链接强度可以形成突发事件本体的链接矩阵 $W = (w_{ij})_{n \times n}$，$n = |\text{ECS}|$，$1 \leqslant i, j \leqslant n$，从而构建已发生的突发事件关联图。但是对于小规模突发事件处理和应对比较容易，但是对于复杂的突发事件就需要借助关联甚至更加复杂的方法才能提供有效的支撑，突发事件本体涉及面非常广，为了有效说明突发事件本体构建，选择某一类突发事件来构建相应突发事件本体，这样对突发事件决策、管理和应对具有针对性，根据上文中自然灾害的分类体系来构建暴雨洪水灾害突发事件本体及其关联。图5.12 所示为暴雨灾害突发事件关联图。

$$w_{ij} = \begin{cases} w_{ij}, & <EC_i, EC_j> \in R \\ 0, & <EC_i, EC_j> \in \overline{R} \end{cases}$$

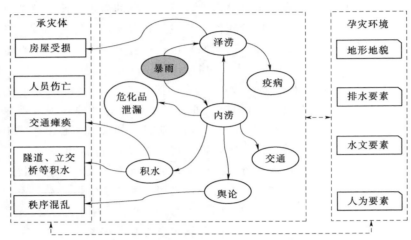

图 5.12　暴雨灾害突发事件关联图

5.4.2.1　事件的识别

在已经发生的突发事件案例库中，结合当前突发事件事中的状态，借助相关描述的关键词，从突发事件案例库中获取相关的事件，以分词单位作为基本元素，自动获取突发事件的相关内容，并按照突发事件本体格式进行预处理，这些历史突发事件作为事中处理的先验知识，根据不同类别突发事件获取各自突发事件的常识事件，形成突发事件的事件库，主要包括原因事件库、过程事件库、后果事件库、专业领域事件库等四大类，原因事件库主要和孕灾环境关联，是导致突发事件发生的可能原因，例如暴雨灾害突发事件原因事件库有排水能力不足、大量填埋湖泊、围湖造田、河道水位超警戒等；专业领域事件库主要是针对不同领域突发事件相应的专业领域知识，例如暴雨灾害突发事件中有防洪标准、设计洪水、洪水预报、洪水演算等。

5.4.2.2　事件链接度的确定

对同一类型的突发事件案例进行事件识别分析，计算事件之间链接强度，根据事件本体中因果关系、顺序关系、跟随关系、并发关系、互斥关系、空间关系等确定事件的关系，同时确定事件之间的关系，然后根据链接度和链接关系构建突发事件关联网络，图 5.13 所示为内涝突发事件链接关系图，通过对2001—2015 年水旱突发事件分析计算各事件之间的链接度。

5.4.2.3　关键事件网的构建

在突发事件事中处理过程中，时间紧、要求高等特征尤其明显，快速从大

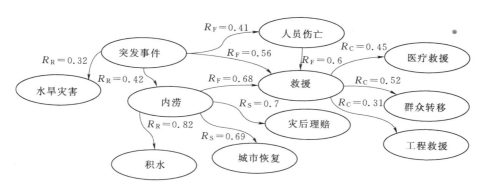

图 5.13 内涝突发事件链接关系图

其中，R_R 表示因果关系，R_S 表示顺序关系，R_F 表示跟随关系，R_C 表示并发关系，R_M 表示互斥关系，R_{SP} 表示空间关系等

量数据中获取有价值的决策信息至关重要，因此构建突发事件网络还远远不能满足事中应急决策的需求，需要进一步剔除不重要的信息，凸显关键的或者重要的突发事件信息。所以有必要构建突发事件关键事件网，关键事件网中事件的重要度和权威度两个指标非常关键，通过定义重要度和权威度来量化事件网络中各个事件，确定事件的轻重缓急，形成关键事件网络，为突发事件事中处理提供可靠、及时和有价值的决策信息。

定义 1 事件重要度（Ehubs），以事件 EC_i 为起点，链接到该点的事件的数量，即

$$Eh_i = \sum_m^{in} W_{ij} \cdot Eh_j \qquad (5.1)$$

W_{ij} 为关联事件的邻接矩阵第 i 行第 j 列的元素。

定义 2 事件权威度（Eauthorities），是该事件影响到其他事件的程度，这里用该事件的出度来表示，为了更好地表达事件的权威度，设定一个 β 和 α 作为调节参数。

$$Ea_i = \alpha \sum_j W_{ij} \frac{Ea_j}{k_j^{out}} + \beta, \alpha, \beta \in [0,1] \qquad (5.2)$$

其中 k_j^{out} 表示节点 j 与其他节点连接的数量。

根据事件重要度和权威度两个指标大小来确定历史突发事件中关键事件网络，为事中处理剔除噪声数据，提供更关键的历史参考信息。

5.4.3 突发事件相似度分析

属于同一类的突发事件仅仅在宏观层面具有相似度，是属于粗粒度范畴的，若想进一步挖掘突发事件潜在的情报信息或者突发事件之间的关联信息，

则需要对组与组之间的差异以及组内或数值之间的相似度做进一步分析。比如，对同一区域或同一时间内发生的，但最终经济损失差异大的突发事件进行演化过程梳理，找出影响事件的关键因素。

从应急情报分析角度进行突发事件相似性分析，不仅仅要找出突发事件面临各类问题和可能发展的趋势，而且为当前正在发生的突发事件快速响应提供决策支持。因此，突发事件相似性分析是反映突发事件现状问题和突发事件应急响应策略之间的匹配关系，也是事中处理的关键环节，为事中处理提供信息服务和可靠的支撑。但面对同样的突发事件资源信息，突发事件不同层次决策者对相似性分析具有不同标准的要求，比如，宏观政策研究人员需要从总体上把握问题，他们的研究是建立在大量的粗粒度上相似的资源信息，而对于具体问题研究人员需要从细节上把握问题，他们更需要细粒度上相似的资源信息或者说相似度更高的资源信息。更甚至，需要从不同角度、不同粒度之间相互转换，综合考虑来解决问题，因此，突发事件相似性分析需要满足不同应急管理组织人群的多层次、多角度的需求，从而挖掘出更加隐性的知识。同时，突发事件具有事发突然，不确定性高，发展演变情境复杂等特点，在属性特征上体现为模糊性、随机性、事情发展动态性等不确定性特征。显然，传统的相似度计算算法无法满足应急管理决策体系的相似性分析需求。在不同的抽象层次上观察、理解、表示现实世界问题，并进行分析、综合、推理，是人类问题求解过程的一个明显特征，也是人类问题求解能力的强有力的表现。作为一种正在兴起的人工智能研究领域，粒计算（granular computing，GrC）的目的是建立一种体现人类问题求解特征的抽象模型，是当前计算智能研究领域中模拟人类的多粒度、分层次思维解决复杂问题的新方法，是研究复杂问题求解、海量数据挖掘和模糊信息处理等问题的有力工具。通过分析突发事件的属性特征，引用粒计算思想实现多粒度突发事件相似性分析，借助本体思想，主要包括事件检索内容粒度化、事件相似度的量化以及相似检索和推荐等过程，本体驱动的突发事件解决方案推荐实现过程如图 5.14 所示，先将突发事件进行事件化，提取事件的六要素形成事件的六元组，然后分别计算要素之间的相似度，通过各要素权值综合各事件之间的相似度，得到可供选择的突发事件相似案例，可以满足应急管理决策组织机构不同人群的需求。

5.4.3.1　事件检索内容的提取

为了找到更加相似的历史突发事件，首要任务是获取适当的检索内容，而不是把当前事件的信息直接作为检索内容，而不同决策者对检索结果的要求不同，因此先要从当前事件中提取事件的动作、对象、时间、环境、断言、语言表现等六要素，用户可以根据自己关注事件的侧重点不同设置六个要素的检索权重，这六要素分别用 w_A、w_O、w_T、w_V、w_P、w_L 表示，为精准地匹配到

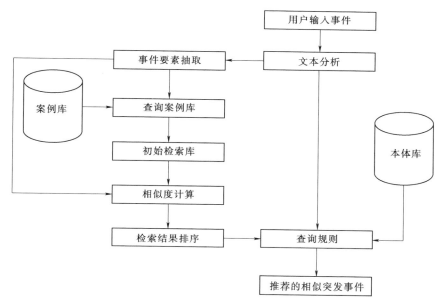

图 5.14　本体驱动的突发事件解决方案推荐实现过程

更加满意的历史突发事件奠定基础，表 5.6 所示为台风"纳沙"来袭突发事件要素抽取。

表 5.6　　　　　　　　　台风"纳沙"来袭突发事件要素抽取

事件要素	描　　述
动作	台风"纳沙"来袭
对象	海南文昌，电力设施，河流，居民
时间	2011 年 9 月 29 日 14 时 30 分—30 日 20 时 00 分
环境	海南省文昌市翁田镇
断言	台风致琼浙部分河流发生超警洪水，海口全市中小学停课，铁路多趟列车停运，美兰机场取消多个航班，农作物受灾，房屋倒塌
语言	强台风"纳沙"，海南，受灾，损失

5.4.3.2　事件相似度的量化

突发事件事中处理过程需要借鉴和参考历史相关突发事件，只有参考与本突发事件相似度较高的历史突发事件案例才有借鉴意义，因此需要通过计算突发事件之间相似度来获取具有参考价值的案例，为了更加科学合理量化突发事件之间的相似度，定义如下突发事件相似度计算公式。

$$\mathrm{Sim}(EC_{\mathrm{old}}, EC_{\mathrm{new}}) = \sum_{i=1}^{6} w_i S(l_{\mathrm{old}i}, l_{\mathrm{new}i}), i = (A, O, T, V, P, L) \quad (5.3)$$

113

其中，（$l_{\text{old}i}$，$l_{\text{new}i}$）分别为事件（EC_{old}，EC_{new}）的要素，$S(l_{\text{old}i}$，$l_{\text{new}i})$ 表示第 i 个要素相似度，w_i 表示各要素的检索权重，用户可以根据需求进行调整，要求满足 $\sum w_i = 1$。

事件要素相似度 $S(l_{\text{old}i}$，$l_{\text{new}i})$ 根据不同的要素按照不同的公式进行计算。对于要素动作、对象、环境、断言、语言这五个要素采用式（5.4）

$$S(l_{\text{old}i}, l_{\text{new}i}) = w_i \frac{m_i}{n_i}, i = (A, O, V, P, L) \tag{5.4}$$

其中，$l_{\text{old}i}$ 为历史突发事件，$l_{\text{new}i}$ 为当前新的突发事件，m_i 为两个突发事件中事件要素 i 的关键词相同数目，n_i 为当前突发事件要素 i 的关键词数量，w_i 当前突发事件中事件要素 i 的权重系数。

对于事件的时间要素有可能为时刻时间或者时段时间，时段时间是一个时间区间，用 T 表示时段时间，而时刻时间为一个时间点，用 t 表示时刻时间，而在实际比较过程中有可能时段时间和时刻时间混合使用，可以根据表 5.7 所示的公式进行计算。

表 5.7　　事件时间要素相似度计算

事件时间要素关系	事件时间要素相似度
$t_1 = t_2$	1
$T_1 = T_2$	1
$t \in T$ 或者 $t \in [t_1, t_2]$	$\frac{1}{T}$ 或者 $\frac{1}{(t_2 - t_1)}$
T_1 和 T_2 相交	$\dfrac{\frac{(T_1 \cap T_2)}{T_1} + \frac{(T_1 \cap T_2)}{T_2}}{2}$
t 不属于 T	0
T_1 和 T_2 不相交	0

5.4.3.3　相似度事件检索和推荐

突发事件相似度分析主要根据事件特征与案例库中突发事件进行匹配，计算相似度，根据相似度阈值形成突发事件候选库，根据包括面向知识查询、案例查询和方案推荐三个方面，知识查询和案例查询的实现原理较为简单，向案例库以关键词模糊匹配的方式发送查询即可。通过当前突发事件与案例库中历史突发事件相似度判断，为事中处理得到可行的解决方案，总体实现过程如图 5.14 所示。

假设用户提交的事件，经过分词、粒度化处理后，形成 $T_i = \{T_{i1}, T_{i2}, \cdots, T_{in}\}$，$i \in \{A, O, T, V, P, L\}$，$n \geq 1$，根据事件描述计算提出事件的重要度和权威度，可得到一个由多个关键事件组成的事件检索特征向量 T，利用事件相似度公式，分别计算与历史突发事件的相似度，按相似度大小倒序输出结果。同时设置相似度阈值 M，得到结果中排名前 M 的案例，结合不同岗位的用户需求，用户可以根据事件要素权值设定来选择最适宜的可供参考的历史突发事件。作为推荐的事件处理参考方案，决策者可以详细分析历史突发事件与当前突发事件的区别和联系，结合当前情景，从决策级进行融合多源信息，获取支撑当前突发事件事中处理的信息。

5.4.4　突发事件研判分析

经过突发事件关联和相似分析后，有时难以判定突发事件的未来发展趋势，给突发事件应急处理带来盲目性，因此需要结合突发事件行业特征，参考领域知识，进一步细化和深度分析突发事件信息，挖掘出能支撑决策的有效情报。在突发事件研判分析过程中不仅要快速解决不同层次不同难度的问题，还要实时反馈和跟踪事件的发展，对突发事件未来趋势给出合理研判，支撑突发事件应急决策。

突发事件研判分析过程主要包括问题采集和粒度化，针对问题相关领域进行相应的主题分析，在不同类型和级别突发事件应急处理过程中已经积累很多经验和教训，需要将这些经验类知识进行规格化形成研判分析规则，借助粒度原理、贝叶斯网络、模糊理论等多种方法构建研判分析模型，并以仪表盘等多种形式展示研判过程和结果，而分析结果不一定完整正确或者合理，需要不断反馈和分析，直到形成科学合理的结果，才能有效支撑应急决策。突发事件研判分析结构图如图 5.15 所示。在突发事件信息资源库、用户问题、实时数据等基础上，采用粒度化方法将用户问题分类，形成用户问题库，方便为不同类型用户提供满意的解答。针对不同类型突发事件有相应的规则，这些规则包括积累下来的历史经验，也包括从突发事件信息资源库中挖掘的规则，都存放到规则库中。在分析过程中，针对要解决的目标问题，结合分析工具和方法，例如贝叶斯网络、粒度原理、机器学习等理论，通过这些理论方法构建分析模型，还有利用 Swarm、SAS Analytics 等软件工具实现和仿真构建的模型，并通过可视化方式展示分析过程和结果，将结果经过合理化加工优化后形成研判分析结果。为了得到更加科学合理的结果，往往需要多次反馈，根据周围环境适当调整分析模型，直到形成比较满意的研判分析结果，并把分析结果存放到解答库中。

5.4.4.1　主题分析

主题分析是突发事件研判分析加工的基础，首先根据各类决策者关注的问题，结合主题分类法对问题进行加工和规范，形成显性主题、隐形主题、主题概念、主题特征等，并存放在问题库中，方便分析和维护；然后结合突发事件

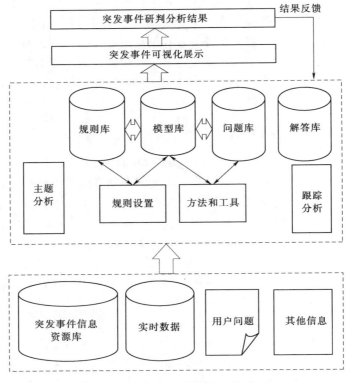

图 5.15　突发事件研判分析结构图

关联分析和相似度分析,形成以主题为中心的各个关联要素网络图,同时计算出各个关联要素与主题的关联度,可以发现网络图中潜在的规律,把分析结果以主题图形式展现,便于突发事件研判分析。例如,"降雨"主题可分解为"降水"显性主题和"内涝""积水"隐性主题,降水就可以直接通过关联分析关联我国城市主要降水量等专业领域知识,同时和当前实时数据和位置关联,形成降水原因主题图、降水后果主题图等。常用的主题分析方法有索引、文本总结、聚类、分类和情感分析等。例如对于波士顿爆炸事件中,可以先通过爆炸案发生的时间和地点进行主题分析,缩小侦察范围,经过主题分析后发现袭击爆炸事件绝大部发生在酒吧,时间是星期三至星期五傍晚,这个时段是酒吧生意最好的时间,将时间和位置输入到波士顿犯罪案例库中分析,通过关联度分析识别出两个关键人物 Robert Parker 和 Jordan John,然后进一步深入分析后可以逐步确定波士顿爆炸案的犯罪嫌疑人。

5.4.4.2　跟踪分析

在突发事件应急情报分析过程中,不仅仅关注当前的有效的信息,而且对历史失效的信息也要关注，甚至需要利用过时的信息来回溯突发事件发生的过程，通过跟踪事件已经发生的阶段来获取事件进展的规律，进而预测突发事件未来可能出现的路径。时间序列分析是最常用的跟踪分析之一，例如对魏则西舆情事件的跟踪分析，事件发展过程如表 5.8 所示。可以通过时间排序的突发事件话题跟踪，发现信息传播的规律，准确把握应对突发事件的恰当时机，从而采取合理化舆论引导措施。

表 5.8　　　　　　　　　　　　魏则西舆情事件发展过程

时间	事件阶段	发 生 内 容
4 月 27 日	舆情的爆发	新浪微博网友"@孔狐狸"发布消息称魏则西患癌已病故的消息
4 月 27 日—5 月 2 日	舆情的升温	事件经网民和媒体报道反映后，引起网民热烈关注与讨论，并广泛传播开来。这一阶段的主要报道处在对事件及问题本身的曝光方面
5 月 3 日—5 月 4 日	舆情的高峰	随着报道的不断深入，莆田系、竞价排名、科室外包等事件问题点逐渐被挖掘出来，涉事责任方开始被调查，网民情绪、意见也随之高涨，使得事件受关注的程度越来越高，影响越来越大，进而吸引了更多的网民加入讨论
5 月 5 日	舆情的平息	将事件舆情推动到调查阶段之后，网民的情绪逐渐平复

5.4.5　突发事件情报服务

对突发事件的分析和处理结果的利用最终是通过情报服务实现的，因此突发情报服务对应急快速响应至关重要。突发事件情报服务最终目的是满足用户的需求，即在突发事件情报分析基础上，把产生的突发事件情报推送到用户手中，有效支撑突发事件应急决策。突发事件服务是一个主动过程，避免了传统被动服务展示手段单一的弊端，可促进信息和情报的理解和利用，结合用户所处的情境，注重针对用户需求主动推送其急需的情报服务。借助当前各类先进技术，将产生的突发事件情报及时、安全地推送到急需的用户手中，不断提升情报服务能力。侧重以情报可视化服务实现，为分析和理解突发事件情报、寻找规律，提供帮助。

突发事件情报可视化服务是突发事件信息或者情报→可视化展示→人感知系统的映射。可视化展示是将产生的突发事件信息或者情报转变为可视化结构，紧紧围绕突发事件应急决策的任务和情报分析后的成果，在适当的引导和控制下，可视化转变后包括定义位置、突发事件类型、融入情境等过程。

突发事件情报服务过程主要包括对象和任务确定、数据转换、可视化交互以及情报服务反馈，如图 5.16 所示。情报服务侧重以用户为中心，支撑突发事件应急响应，充分利用事件处理人员的知识领域和感知能力，促进用户对产生的突发事件情报的理解和充分利用。在可视化过程中融合突发事件的情境，

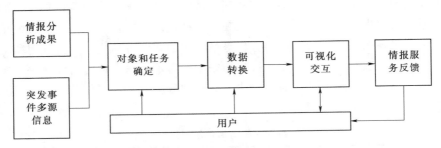

图 5.16　突发事件情报可视化服务过程

提高情报的利用价值，也保证情报服务的可信度、可理解性和可用性。

5.4.5.1　对象和任务确定

突发事件情报服务对象显然是突发事件，但是这里对象的确定需要明确是哪类具体的突发事件，例如是自然灾害还是公共安全突发事件等。其任务是指突发事件事前预测、事中处理、事后总结等阶段中的任务。针对具体突发事件对象，分析其实际需要，科学定义突发事件阶段中的任务，厘清可视化需要探索的问题，为突发事件情报可视化提供准备。

5.4.5.2　数据转换

情报分析过程中产生突发事件信息或者情报作为数据转换来源之一，同时考虑突发事件相关多源数据，针对确定的对象和任务，根据不同用户需求来转换和梳理突发事件相关数据，作为突发事件信息融合交换中心，为情报服务可视化奠定基础。

5.4.5.3　可视化交互

分析突发事件现状后，结合决策者需求和当时情景，根据突发事件情报分析产生的信息或者情报来采用适当的可视化方法，借助可视化工具有效揭示突发事件应急决策的内在特征和规律，这个过程是不断反复和优化的过程，根据决策者交互要求不断调整和纠正可视化分析产生的偏差。

5.4.5.4　服务反馈

服务反馈反映用户对情报服务的满意程度，对于改进和优化突发事件情报服务内容具有重要的指导作用，因此服务反馈是服务提供者和服务使用者之间的交互过程，将产生的应急情报分析报告应用情况反馈给应急情报输入和处理过程，增强情报服务使用者和提供者之间的信任，对情报分析过程不断优化和完善。图 5.17 所示为服务反馈过程模型，通过初步沟通服务使用者想法，对照提供的服务找出差距，以满意度形式反馈给服务提供者和使用者，以便情报服务的改进，通过反馈不断提升突发事件情报服务的水平，促进突发事件有价值情报的应用。

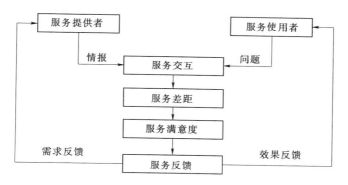

图 5.17　服务反馈过程模型

5.5　突发事件事后总结分析

在突发事件的危险和危害得到控制或者消除后，履行统一领导职责，或者组织处置突发事件的人民政府应采取两套措施与制度，即应急状态的终结以及对后续事故的防范制度。突发事件逐步转向事后总结阶段，除要总结分析形成善后总结报告外，在该阶段突发事件情报信息不是停止，而是由处理分析转向总结和预警阶段，防止次生突发事件发生。总结突发事件预警和处理的经验，将突发事件形成案例收录案例库，评估突发事件预警准确率，评价突发事件事中分析的效果。针对事后分析形成相应的计划或者制度，预防类似突发事件的发生。图 5.18 所示为突发事件事后总结分析总体框架。

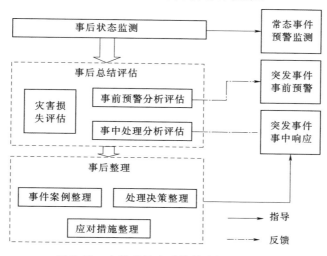

图 5.18　突发事件事后总结分析总体框架

119

5.5.1　突发事件事后状态监测

在突发事件终止应急响应后，不代表所有监测和分析停止，而是转入事后状态监测，事后状态监测主要任务是监测事后可能引发次生灾害，监测突发事件导致的各类损失。突发事件事中处理往往是关注的重点，事后状态监测容易被忽视，虽然结束应急状态，但政府等管理部门还应防止突发事件的二次爆发及其次生、衍生事件的发生。因此需要对突发事件状态进行监测，尤其是对所遗留下来的各种有害因素要引起重视，不仅要避免其危害的延续和变种，还要防止有害因素蛰伏下来，重新引发危机。2005 年 11 月 13 日，中石油吉化公司双苯厂车间发生爆炸事故，刚开始是爆炸突发事件，爆炸事件应急响应结束后，通过监测，后来演变成松花江水体污染事件。

5.5.2　突发事件事后总结评估

突发事件事后总结评估不仅包括灾害损失评估，而且还要对事前预警和事中处理的各个环节进行评估。对于灾害损失评估是用来描述突发事件所导致的财产、人员伤亡等损失，对于损失评估需要及时和相对准确，以便于灾后重建和恢复。例如，2016 年第 17 号台风"鲇鱼"导致漳州的龙海、漳浦、东山、诏安、长泰、漳州高新区 6 个县（市、开发区）共 64 个乡镇 5985 人受灾，转移人口 11.0016 万人，倒塌房屋 11 间，未出现人员伤亡，全市直接经济总损失 1132.258 万元。对于事前预警评估，根据突发事件发生的全过程，从预警时间和准确性进行评价，并把评价结果的反馈来完善事件预警流程；事中处理分析评价主要根据处理的合理性和及时性两个角度进行评价，同时反馈完善事中处理分析过程。

突发事件事后总结评估过程也是事后分析的过程，通过获取事后灾害损失数据、舆论等多源数据，建立灾害损失与事前预警、事中应急响应之间的关系模型，对事前预警和事中响应分析报告进行评估；由于灾害统计过程复杂和耗时长，借助统计方法根据已采集灾害损失数据构建突发事件灾害评估模型，预测突发事件导致的经济和社会灾害影响。最终产生突发事件善后分析报告。

5.5.3　案例整理和措施制定

整个突发事件按照从事前、事中到事后全过程整理，形成完整的突发事件案例，尤其是突发事件应急响应分析的过程，按照突发事件案例库的要求整编后入库，为今后突发事件预警和分析提供借鉴和参考。

措施制定也是事后总结的关键内容之一，通过对突发事件全过程分析，提取突发事件发生、灾害损失等多方面的因素，并有针对性制定相应规范等措施。例如，"三鹿奶粉事件"事后，国家质量监督检验检疫总局决定废止《产品免于质量监督检查管理办法》同时撤销"蒙牛"等企业"中国名牌产品"称号，并制定和公布《乳品质量安全监督管理条例》，同时卫生部下发了四个与医疗救治相关的文件。这些措施进入突发事件信息资源库，也作为突发事件预警和分析的依据之一。

　　本章在各类多源突发事件数据基础上，结合应急响应情报采集、处理和组织的成果，以支撑突发事件响应的情报分析为主线，定位突发事件应急响应情报分析进行情报融合，促进有价值情报产生，借助情报分析方法和体系，借助融合理论对突发事件进行多源数据形式、特征级以及决策级三级融合框架，通过预测模型产生突发事件事前预警分析报告；在事中对突发事件信息处理和分析，通过突发事件的分类和相似度分析，为突发事件研判提供决策分析，能快速明确事件发展趋势和发展可能结果，产生突发事件事中应急响应分析报告，同时通过情报服务模式把产生的情报推动到决策者；在突发事件应急响应结束后，转入事后总结分析，进一步监测事件发展态势，预防次生灾害发生，评估突发事件情报分析效果和突发事件导致的损失，制定相应恢复策略，形成相应规范或者措施来预防以后类似突发事件重演，形成突发事件善后总结报告。

第 6 章

结 束 语

本著作以重点突发事件为例，利用知识组织理论和方法，以问题为驱动，构建面向知识服务的知识组织体系，建立问题驱动的知识组织过程，形成城市型水灾害突发事件情报分析应用，为突发事件快速响应提供情报支撑，同时也完善知识组织理论，拓展知识组织应用。

6.1 主要研究成果

6.1.1 构建面向知识服务的知识组织框架体系

在信息爆炸式增长的大数据环境下，由于数据分散、混沌和无序，导致信息爆炸与知识相对匮乏的矛盾日益突出，通过面向知识服务的知识组织来实现数据知识化、知识有序化以及知识服务化目标，促进传统物理层次的信息组织向认知层次的知识组织的转变。分析国内外学者对知识组织概念、内容以及体系等研究成果的基础上，针对用户需求明确知识组织目标、原则和要素，借助粒度原理，从系统角度宏观架构知识组织结构体系，融入用户需求，并通过知识获取与清洗、知识表示与规范、知识挖掘与推理、知识服务与实践等四个阶段实现知识的组织过程，形成一个不断持续改进和循环的知识组织链，使知识服务达到最大的满意度。

6.1.2 提出大数据环境下问题驱动的知识组织模式

针对传统知识组织的弊端，为了提高解答效果和针对性，从宏观上架构问题驱动的知识组织，即以用户问题解决来引导知识组织的架构，借助粒度原理和知识单元来设计知识组织的逻辑和物理结构，以问题库、情景库、知识库、解答库、解答效果库等多库协同的知识仓库存储知识，以问题解答引导知识单元的创建、序化、关联和再生等知识组织过程，并以知识地图等可视化方式提供问题解答服务，最后通过解答和反馈完善和优化知识组织框架和过程，促进知识的应用和创新。

6.1.3　构建城市型水灾害突发事件情报分析框架

为了有效预防水灾害突发事件的发生和降低灾害所导致的损失，迫切需要提高城市型水灾害突发事件预警和快速响应能力。以情报学的视角，明确城市型水灾害突发事件情报分析基本要素，以城市型水灾害突发事件为对象，以畅通的情报流为基础，通过城市型水灾害数据采集与清洗、事件关联以及情报融合等主要环节，构建城市型水灾害突发事件的情报分析框架，全方位分析水灾害突发事件的事前预防、事中控制、事后总结和分析，为城市型水灾害突发事件应急决策提供科学依据。

6.1.4　构建基于组织—流程—信息的突发事件情报分析框架

对水灾害和药品安全性突发事件研究，从收集 2012—2016 年间发生在我国境内的 322 件水灾害突发事件中选取典型代表性的 200 个事件案例分析，借助各类情报技术，以突发事件情报为主线，以突发事件情报分析为中心，透析突发事件中情报分析的定位和组成要素，从组织机构、业务流程和信息流程 3 个层次系统角度全方位分析突发事件的信息采集、处理、组织和分析过程，构建突发事件情报分析总体框架、业务流程框架和信息流程框架，为突发事件应急决策的快速响应提供信息支撑，为突发事件应急决策提供新的分析视角。

6.2　下一步研究

虽然在突发事件和知识组织方面取得一定的研究成果，为了更好地体现情报的价值，下一步研究将侧重用户行为领域和用户决策需求等方面的研究，用户行为主要包括突发事件相关者在各个阶段的行为趋势，并基于此为突发事件预警和决策提供有价值的信息服务；用户决策需求是针对用户决策需求进行组织和分析，为获取更加科学和必要的决策需求提供保障，从而为突发事件快速响应提供更加精准的情报服务。

附件

基于百度 API 信息采集应用

基于百度 API 信息采集注意事项及过程如下。

1. 环境部署

调用百度舆情 API 之前，需要向百度舆情申请账号和密钥，方可使用百度舆情 API 产品。

百度舆情 API 接口均必须在百度云网络环境调用（可部署在百度云主机相关产品上，例如云服务器 BCC），因此必须申请百度云的网络环境。

申请百度舆情账号和百度云的网络环境之后，只需要使用 Java、Python、PHP 等语言调用其接口即可使用百度舆情 API 产品。

2. 开发者规范

（1）通用约定。

所有编码都采用 UTF - 8

日期格式 YYYY - MM - DD 方式，如 2015 - 09 - 10

Content - type 为 application/x - www - form - urlencoded object 类型的 key 必须使用双引号（""）括起来

（2）公共请求头。

附表 1　　　　　　　　　　公 共 请 求 头

头域（Header）	是否必须	说　明
Authorization	必须	包含 Access Key 与请求签名
Host	必须	包含 API 的域名
Content - Type	可选	application/x - www - form - urlencoded

（3）公共相应头。

（4）响应状态码。

返回的响应状态码遵循 RFC 2616 section 6.1.1

附表 2 公 共 响 应 头

头域（Header）	说 明
Content – Type	application/x – www – form – urlencoded
x – bce – request – id	舆情服务后端生成，并自动设置到响应头域中

1xx：Informational – Request received, continuing process.

2xx：Success – The action was successfully received, understood, and accepted.

3xx：Redirection – Further action must be taken in order to complete the request.

4xx：Client Error – The request contains bad syntax or cannot be fulfilled.

5xx：Server Error – The server failed to fulfill an apparently valid request.

（5）通用错误返回格式。

当调用接口出错时，将返回通用的错误格式。HTTP 的返回状态码为 4xx 或 5xx，返回的消息体将包括全局唯一的请求、错误代码以及错误信息。

消息体定义

附表 3 通用错误返回消息体定义

参数名	类型	说 明
request ID	String	请求的唯一标识
code	String	错误类型代码
message	String	错误的信息说明

错误返回示例：

```
{
    "request ID":"47e0ef1a – 9bf2 – 11e1 – 9279 – 0100e8cf109a",
    "code":"NoSuchKey",
    "message":"The resource you requested does not exist"
}
```

（6）公共错误码。

附表 4 公 共 错 误 码

Code	Msg	Code	Msg
101	Token 错误或过期	503	用户权限错误
200	请求成功	504	用户过时
401	缺少必要参数	505	用户容器数量溢出
402	参数解析错误	506	无权限查看该任务
501	系统错误	507	存在大词
502	Taskid 不存在	508	ApI 未开放

3. 功能详述

（1）实时舆情。实时舆情包括以下几个功能模块。

情感分析（sentiment_analysis）：实时舆情 API 中的子功能，为获取到的每篇舆情，增加情感分析字段，值为正面、负面、中立。

摘要提取（abstract_extract）：实时舆情 API 中的子功能，对获取到的每篇舆情正文，进行摘要提取。

位置抽取（geo_extract）：实时舆情 API 中的子功能，将文本中出现的地域信息进行提取。结果字段包括省、市、县（区）。

相似文章合并（similar_merge）：实时舆情 API 中的子功能，对返回的舆情信息进行相似合并。为不影响数据获取性能，相似文章最多只展示 500 篇。

1）创建实时舆情订阅任务。

请求示例：

```
{
    "user_key":"XXXXXXXXXXX"   //用户的 user_key
    "token":"XXXXXXXXXX"        //token 值,每次请求时需要根据 user_key,user_secret,times-
tamp 动态生成
    "timestamp":1501647753   //用户当前请求的时间戳
    "params_dict":{
        "media_type":["news","weibo","luntan"],
        "history":1,
        "required_keywords":["北京","上海"],
        "optional_keywords":["房价"],
        "filter_keywords":["深圳"],
        "data_source":[],
        "api_dict":{"realtime_flow":{
            "switch":"1",//此处必须为 1,表示请求实时舆情功能
            "config":{//以下为实时舆情字段开关,打开该开关将会返回相应字段分析结果
                "sentiment_analysis":"1",   //情感分析开关,用户可配置为 0 或 1,1 为打开
                "abstract_extract":"1",    //摘要提取开关,此处开关后台指定为 1,用户侧设置
不生效
                "geo_extract":"1",    //位置抽取开关,此处开关后台指定为 1,用户侧设置不
生效
                "similar_merge":"1"   //相似文章合并开关,用户可配置为 0 或 1,1 为打开
            }
        }
    }
}
```

参数解释：

附表 5　　　　　　　　创建实时舆情订阅服务参数解释

名称	格式	必填	说　　明
user_key	string	是	申请服务时由百度云分配给用户
token	string	是	token 为使用 HMAC 方法生成带有密钥的哈希值
timestamp	int	是	10 位的时间戳
params_dict	json	是	请求所携带的参数列表

params_dict 参数解释：

附表 6　　　　创建实时舆情订阅服务 params_dict 参数解释

名称	格式	必填	说　　明
media_type	string	否	需要召回和分析的 media_type 列表，值为一个列表类型的数据，如［"news","weibo"］。列表内元素可选值为"ps_page""news""weibo""luntan""boke""weixin""all"，分别代表百度网页搜索结果，新闻，微博，论坛，博客，微信，以及所有媒体源。举例，若为［"all"］则召回全部媒体类型数据，若为［"news","weibo"］则召回新闻和微博数据，若不带该字段，则效果同［"all"］
history	int	否	回溯时间，天为单位，取值 0，1，7，默认 0 天。表示不回溯历史数据，值为 1 时表示需要回溯前 1 天百度收录的数据
required_keywords	string array	是	主监控词列表，如［"北京","上海"］，多个词用半角，分割，主监控词之间是"或"的关系
optional_keywords	string array	否	搭配词列表，多个词用半角，分割，搭配词之间是"或"的关系。各个搭配词与主监控词是与的关系。比如，required_keywords 为［"A","B"］，搭配词为［"C"," D"］，则关键字组合为"A＋C""A＋D""B＋C""B＋D" 四组
filter_keywords	string array	否	过滤词列表，多个词用半角，分割，匹配上 filter_keywords 关键字数据将不会返回给用户
data_source	string array	否	目前未用到该字段，使用时直接置为［］即可
api_dict	json	是	功能开关，目前 abstract_extract 及 geo_extract 系统强设为 1，用户侧配置不生效

api_dict 参数解释：

附表 7   创建实时舆情订阅服务 api_dict 参数解释

名称	格式	必填	说　　明
sentiment_analysis	int	是	情感分析，1 为打开，0 为关闭
abstract_extract	int	是	摘要提取，1 为打开，0 为关闭
geo_extract	int	是	位置抽取，1 为打开，0 为关闭
similar_merge	int	是	相似文章合并，1 为打开，0 为关闭

2）查看实时舆情结果。

请求参数配置注意："api_type" 置为 "realtime_flow"。

请求示例：

```
{
    "user_key":"XXXXXXXXXXX"
    "token":"XXXXXXXXXX"
    "timestamp":1501647768
    "params_dict":{
        "realtime_flow":{
        "offset":"0",
        "size":"10",
        "insert_from":"20170101000000",
        "insert_to":"20170222235959",
        "media_type":"",
        "sentiment_type":"",
        "search_word":"",
        "relate_type":"",
        "province":"",
        "city":"",
        "county":""
        }
    }
    "api_type":"realtime_flow"
    "task_id":18888
}
```

请求参数解释：

附表 8　　　　　　　　　　　查看实时舆情结果请求参数解释

名称	格式	必填	说　　明
user_key	string	是	用户 user_key，申请服务时由百度云分配给用户
token	string	是	token 为使用 HMAC 方法生成带有密钥的哈希值
timestamp	int	是	用户当前请求的时间戳，值为 10 位数字
params_dict	json	是	请求所携带的参数列表
api_type	string	是	用户需要获取结果的 api_type 类型，舆情订阅时值需要设置为"realtime_flow"
task_id	int	是	任务 id，该 id 由用户请求创建实时舆情 API 接口成功后由接口返回给用户

有关 params_dict 的参数解释如下：

附表 9　　　　　　　　查看实时舆情结果 params_dict 参数解释

名称	格式	必填	说　　明
offset	string	是	当前获取结果的偏移量，可设置的最大值必须小于 20000，否则接口会返回出错。比如 offset=100，指从 total 结果的第 101 条开始获取结果。关于 total 含义后面会有提及
size	string	是	当次请求最大返回的结果数，可设置的最大值为 500，大于 500 系统会强制修改为 100，为提升接口响应速度，如果该值为 100 比较合适
time_from	string	是	指定获取发布时间为该时间点后的数据，字段格式为年月日时分秒，例如："20170101000000"，跟 insert_from 二选一即可
time_to	string	是	指定获取发布时间为该时间点前的数据，字段格式如"20170101120003"，跟 insert_to 二选一即可。其中 time_from 到 time_to 最长时间范围不能超过 7 天
insert_from	string	是	指定获取该时间点后被百度收录的数据，格式同 time_from，跟 time_from 二选一即可，都选的话是"且"的关系
insert_to	string	是	指定获取该时间点前被百度收录的数据，格式同 time_to，跟 time_to 二选一即可，都选的话是"且"的关系，其中 insert_from 到 insert_to 最长时间范围不能超过 7 天
media_type	string	否	定义返回哪些媒体类型的结果，可选值为"新闻""微博""论坛""网页""微信""博客"之一。若查询时指定该值为""或不带该参数则返回全部结果
sentiment_type	string	是	定义返回哪些情感类型的结果，"0""1""−1"代表中立正面负面，若为""则返回全部结果
search_word	string	否	若不为""，仅返回标题或正文命中该 search_word 的结果，若查询时指定该值为""或不带该参数则返回全部结果

名称	格式	必填	说　　明
relate_type	string	是	值为"1"时只返回较相关的结果，值为"0"只返回不相关结果，若为""则返回全部结果
province	string	否	指定返回 province 为指定值的数据，若为""或不带该参数则返回全部 province 结果
city	string	否	指定返回 city 为指定值的数据，若为""或不带该参数则返回全部 city 结果
county	string	否	指定返回 county 为指定值的数据，若为""或不带该参数则返回全部 county 结果

响应示例：

```
{
"code":200,
"msg":"请求成功",
"data":{
"total":138658,
"list":[
{
"mediasub_type":["网页"],
"username":"",
"similar_docs_num":0,
"sentiment":"1",
"task_id":"18888",
"title":"2017百度云智峰会开幕在即天工领跑高端智能制造服务市场苏州都市网",
"url":"http://www.szdushi.com.cn/news/201702/148766291522405.shtml",
"datetime":"2017-02-21 15:43",
"summary":"【2017百度云智峰会开幕在即天工领跑高端智能制造服务市场_苏州都市网】2017百度云智峰会以高端智能制造大会为序曲再次来袭,持续打造云计算大数据技术、人工智能产业和应用等领域最具影响力的峰会。大会将采用全体大会、高峰……",
"source":"苏州都市网",
"score":5,
"relevance":5,
"like_num":-1,
"read_num":-1,
"repost_num":-1,
"comment_num":-1,
"author_id":"ximing",
"floor":-1,
"original_source":"新华网",
```

```
"media_type":"网页",
"similar_docs":[],
"geo":{
"county":[],//县|区
"country":[{"name":"中国","conf":1}],//国
"province":[{"name":"江苏省","conf":1}],//省
"city":[{"name":"苏州市","conf":1}],
"area":[]//街道
},
"id":"e09670611cef2177eb6567bf13db757b_18888"
}
]
}
}
```

返回参数解释：

附表 10　　　　　　　　　　　　查看实时舆情结果返回参数解释

名称	说　　明
code	响应码
msg	响应码含义说明
total	符合用户查询条件的结果条数，当 total 值大于用户指定的 size 值时，用户需要递增 offset＝offset＋size 多次请求获取结果接口，以增量获取符合结果的所有数据。另外，由于 offset 最大值不能超过 20000，所以遇到返回结果条数大于 20000 的情况，需要用户侧细化创建任务的关键字组合或优化查询条件，以保证返回结果条数不超过 20000
media _ sub _ type	该条结果的媒体子类型，各 media _ type 会有相应的 media _ sub _ type 类型集合
username	舆情的发布者
similar _ docs _ num	该条舆情当天被百度收录的相似文章数量
sentiment	情感倾向分析结果，值为 0，1，－1。其中 0 为中立，1 为正面，－1 为负面
task _ id	任务 id
title	文章标题
url	原文地址
datatime	文章发布的时间，如果是 ps _ page 数据源，则 datetime 表示数据被百度收录时间
summary	该条舆情的摘要信息，一般是一小段文本
source	该条舆情的站点来源名称，例如"百度贴吧""新浪微博"等

续表

名称	说　明
score	从 0 到 10 的整数，代表该条舆情及其相似文档列表中与用户关键词相似的相对程度，值越大，代表越相似
relevance	从 0 到 10 的整数，代表该条舆情与用户提交的关键词的绝对相似程度，值越大，代表越相似
read_num	阅读数，若后端获取不到将返回－1
like_num	点赞数，若后端获取不到将返回－1
repost_num	转发数，若后端获取不到将返回－1
comment_num	评论数，若后端获取不到将返回－1
floor	楼层数，若后端获取不到将返回－1
original_source	文章原始来源，若后端获取不到将返回－1
author_id	作者 id
media_type	媒体类型，包括新闻、微博、微信、论坛、博客、网页等
similar_docs	该条舆情相似文章列表，格式为 ［ ｛title，url，datetime｝，｛title，url，datetime｝ ］
geo	文本中出现的地理位置，可返回省、市、县（区）、街道数据，示例：{"province"：［｛"name"："新疆维吾尔自治区"，"conf"：1｝］，"country"：［｛"name"："中国"，"conf"：1｝］，"area"：［］，"county"：［］，"city"：［］，"geo_type"："ip"｝。其中 conf 表示 province 或者 country 内各值对应的置信度

（2）传播分析。创建传播分析订阅任务的方法与创建实时舆情订阅任务的方法相同。创建时需要将"spread_analysis"的标志置 1。

1）创建传播分析订阅任务。

请求示例：

```
{
    "user_key":"XXXXXXXXXXX"
    "token":"XXXXXXXXXX"
    "timestamp":1501647753
    "level":3
    "params_dict":{
        "media_type":["news","weibo","luntan"],
        "history":1,
        "required_keywords":["文明 6","钢铁雄心 4"],
        "optional_keywords":[],
        "filter_keywords":[],
        "data_source":[],
        "api_dict":{
```

```
    "spread_analysis":{
        "switch":"1"
    },
    }
  }
 }
```

参数解释：

附表 11 　　　　　　　　　　**创建传播分析订阅任务参数解释**

名称	格式	必填	说　　明
user_key	string	是	申请服务时由百度云分配给用户
token	string	是	token 为使用 HMAC 方法生成带有密钥的哈希值
timestamp	int	是	时间戳
level	int	否	使用传播分析 API，level 值必设置为 3 或不带 level 参数
params_dict	json	是	请求所携带的参数列表

params_dict 参数解释：

附表 12 　　　　**创建传播分析订阅任务 params_dict 参数解释**

名称	格式	必填	说　　明
media_type	string	否	需要召回和分析的 media_type 列表，值为一个［］类型的数据。列表可选值为"ps_page""news""weibo""luntan""boke""weixin""all"。分别代表百度网页搜索结果，新闻，微博，论坛，博客，微信，以及所有。举例：若为［"all"］则召回全部媒体类型数据，若为［"news","weibo"］则召回新闻和微博数据，若不带该字段，则效果同［"all"］
history	int	否	回溯时间，天为单位，取值 0，1，7，默认 0 天
required_keywords	string array	是	主监控词列表，如［"北京","上海"］，多个词用半角，分割
optional_keywords	string array	否	搭配词列表，多个词用半角，分割，与主监控词是与的关系
filter_keywords	string array	否	过滤词列表，多个词用半角，分割，与主监控词是非的关系
data_source	string array	否	目前未用到该字段，使用时直接置为［］即可
api_dict	json	是	功能开关

api _ dict 参数解释：

附表 13　　　　　创建传播分析订阅任务 api－dict 参数解释

名称	格式	必填	说　　明
spread _ analysis	int	是	传播分析，1 为打开，0 为关闭

2）查看传播分析结果。

请求参数配置注意："api _ type" 置为 "spread _ analysis"。

请求示例：

```
{
    "user_key":"XXXXXXXXXXX"
    "token":"XXXXXXXXXXX"
    "timestamp":1501647786
    "api_type":"spread_analysis"
"task_id":XXXXX
}
```

请求参数解释：

附表 14　　　　　查看传播分析结果请求参数解释

名称	格式	必填	说　　明
user _ key	string	是	申请服务时由百度云分配给用户
token	string	是	token 为使用 HMAC 方法生成带有密钥的哈希值
timestamp	int	是	时间戳
api _ type	string	是	传播分析 API 对应的值为 "spread _ analysis"
task _ id	int	是	任务 id

响应示例：

由于返回内容较多，完整响应示例请下载附件查看。

响应结果分成三个主要结构，如下：

附表 15　　　　　查看传播分析结果响应结果主要结果

名称	说　　明
user _ graph	微博转发关系图中的子图列表，字段说明以及图示见下文
content _ emotion	内容情感分析结果
content _ graph	原创微博转发数据

响应参数解释：

user_graph 参数解释

```
{
    "subgraph_id":1,//子图 id
    "subgraph":{
        "nodes":[  //子图中的结点信息
            {
                "user_id":"5688715686",  //微博 user_id
                "appear_time":"2016 - 11 - 19 21:19:47",  //用户注册时间
                "user_type":"ordinary",  //用户类型,分为普通,大 V 等
                "followers_count":72,  //粉丝数
                "image_url":"http://tp3.sinaimg.cn/5688715686/50/5772983154/0",//头像
链接
                "user_name":"一颗芯芷为妳"  //微博用户名
            }
        ],
        "links":[  //用户转发关系,从谁到谁
            {
                "source":"6039398375",  //源用户 id
                "target":"5032400557",  //目标用户 id
                "retweet_type":"direct",  //直接转发还是间接转发
                "retweet_step":1  //中间经过了几次跳转
            }
        ]
    },
    "subgraph_size":12  //该子图 nodes 的个数
}
```

content_emotion 参数解释:

附表 16   查看传播分析结果 content_emotion 参数解释

名词	说　　明
positive	正面列表,列表内容说明见下文（情感项）
negative	负面列表,同上
neutrality	中立列表,同上

情感项:

```
{
    "user_id":"1803458397",
    "weibo_url":"http://weibo.com/1803458397/EiihzeYS5",
    "type":"fixed",//fixed 代表根微博,非 fixed 代表不是根微博
    "impact_force":35,//该条微博的影响力
    "user_type":"ordinary",  //用户类型,分为普通和大 V
```

```
  "followers_count":232，  //粉丝数
  "image_url":"http://tp2.sinaimg.cn/1803458397/50/5773196619/1",
  "media_type":"weibo",
  "date":"2016-11-19 19:01:11",  //微博发布时间
  "emotion_property":"neutrality",  //情感属性
  "retweet_count":1,  //转发次数
  "user_name":"旦勿日人",
  "id":"4043601853570585"
}


content_graph 参数解释：
[
  {
    "data":{
      "nodes":[
        {
          "user_id":"3568411162",
          "weibo_url":"http://weibo.com/3568411162/EigGrlAdU",
          "type":"retweet",  //retweet 代表转发微博,fixed 为根微博
          "impact_force":11,  //该条微博影响力
          "user_type":"ordinary",
          "followers_count":65,
          "image_url":"http://tp3.sinaimg.cn/3568411162/50/5772899213/0",
          "media_type":"weibo",
          "date":"2016-11-19 14:56:58",
          "emotion_property":"neutrality",
          "retweet_count":0,  //转发数
          "user_name":"小赤佬 xy",
          "id":"4043540395144134"
        }
      ],
      "stat":{
        "leaf_followers_count_dis":{  //子图粉丝数分布
          "0":15,  //传播路径中第 0 层微博用户粉丝数
          "1":44,  //传播路径中第 1 层微博用户粉丝数
          "2":194,
          "3":29,
          "4":2
        },
        "importance_user":[  //重要微博结点列表
          {
```

```
        "user_id":"5241346591",
        "weibo_url":"http://weibo.com/5241346591/EiAynz1dc",
        "type":"retweet",
        "impact_force":62,
        "user_type":"ordinary",
        "followers_count":221,
        "image_url":"http://tp4.sinaimg.cn/5241346591/50/5773577892/0",
        "media_type":"weibo",
        "date":"2016-11-21 17:32:03",
        "emotion_property":"neutrality",
        "retweet_count":266,
        "user_name":"大娃有大头",
        "id":"4044304198346142"
      }
  ],
  "retweet_time_dis":[   //各 datetime 时间点转发数分布
    {
      "num":122,
      "datetime":"2016-11-19 14:00:00"
    },
    {
      "num":335,
      "datetime":"2016-11-19 15:00:00"
    }
  ],
  "user_total_num":5912,   //总微博用户数
  "weibo_total_num":5911,   //覆盖的微博数
  "followers_count_dis":{   //粉丝分布
    "0":1101,
    "1":1012,
    "2":2451,
    "3":816,
    "4":532
  },
  "hierarchy_stat":{   //传播路径中第 1 层第 2 层第 3 层第 4 层转发总数,可能还有 5,具
体有几层根据结果动态生成
    "1":233,
    "2":3464,
    "3":1517,
    "4":697
  },
```

```
            "user_type_ratio":{    //用户类型分布
                "ordinary":5897,    //普通用户个数
                "BigV":15        //大 V 用户个数
            }
        },
        "links":[
            {
                "source":"4043561676169518",
                "target":"4043567598801693"
            }
        ]
    },
    "root":"4044321081124475"    //该子图的根用户 id
    }
]
```

（3）观点分析。

创建观点分析订阅任务的方法与创建实时舆情订阅任务的方法相同。创建时需要将"opinion _ analysis"的标志置 1。

1）创建观点分析订阅任务。

请求示例：

```
{
    "user_key":"XXXXXXXXXXX"
    "token":"XXXXXXXXXX"
    "timestamp":1501647753
    "level": 3
    "params_dict":{
        "media_type":["news","weibo","luntan"],
        "history":1,
        "required_keywords":["特朗普"],
        "optional_keywords":["美国"],
        "filter_keywords":[],
        "data_source":[],
        "api_dict":{
            "opinion_analysis":{
                "switch":"1"
            }
        }
    }
}
```

参数解释：

附表 17　　　　　　创建观点分析订阅任务参数解释

名称	格式	必填	说　　明
user_key	string	是	申请服务时由百度云分配给用户
token	string	是	token 为使用 HMAC 方法生成带有密钥的哈希值
timestamp	int	是	时间戳
level	int	否	使用观点分析 API 时，level 值必设置为 3 或不带 level 参数
params_dict	json	是	请求所携带的参数列表

params_dict 参数解释：

附表 18　　　　创建观点分析订阅任务 params_dict 参数解释

名称	格式	必填	说　　明
media_type	string	否	需要召回和分析的 media_type 列表，值为一个［］类型的数据。列表可选值为 "ps_page""news""weibo""luntan""boke""weixin""all"。分别代表百度网页搜索结果，新闻，微博，论坛，博客，微信，以及所有。举例：若为［"all"］则召回全部媒体类型数据，若为［"news","weibo"］则召回新闻和微博数据，若不带该字段，则效果同［"all"］
history	int	否	回溯时间，天为单位，取值 0，1，7，默认 0 天
required_keywords	string array	是	主监控词列表，如［"北京","上海"］，多个词用半角，分割
optional_keywords	string array	否	搭配词列表，多个词用半角，分割，与主监控词是与的关系
filter_keywords	string array	否	过滤词列表，多个词用半角，分割，与主监控词是非的关系
data_source	string array	否	目前未用到该字段，使用时直接置为［］即可
api_dict	json	是	功能开关

api_dict 参数解释：

附表 19　　　　创建观点分析订阅任务 api_dict 参数解释

名称	格式	必填	说　　明
opinion_analysis	int	是	观点分析，1 为打开，0 为关闭

2）查看观点分析结果。

请求参数配置注意："api_type" 置为 "opinion_analysis"。

请求示例

```
{
    "user_key":"XXXXXXXXXX"
    "token":"XXXXXXXXXX"
    "timestamp":1501647753
    "api_type":"opinion_analysis"
    "task_id":XXXXX
}
```

请求参数解释：

附表20　　查看观点分析结果请求参数解释

名称	格式	必填	说　　明
user_key	string	是	申请服务时由百度云分配给用户
token	string	是	token为使用HMAC方法生成带有密钥的哈希值
timestamp	int	是	时间戳
api_type	string	是	查询观点分析结果时值为"opinion_analysis"
task_id	int	是	任务id

响应示例：

```
{
    "opinion_list":[
        {
            "weibo_text":"【全球要闻】\n 美国:特朗普政府再出严打重拳,千万美国非法移民面临大驱逐。\n<span>环球时报:中国外交部回应美国航母进南海,称反对打着航行自由的旗号威胁沿海国主权</span>。\n OPEC:秘书长称 OPEC 减产监督委员会将在周三召开会议。",
            "url":"http://weibo.com/5618018367/EwGlIyhKw",
            "value":1,
            "label":"-1",
            "time":"2017-02-22 09:12:19",
            "type":"weibo"
        },
        {
            "weibo_text":"全球要闻\n\n1、美国:特朗普政府再出严打重拳,千万美国非法移民面临大驱逐。\n\n<span>2、环球时报:中国外交部回应美国航母进南海,称反对打着航行自由的旗号威胁沿海国主权</span>。\n\n3、OPEC:秘书长称 OPEC 减产监督委员会将在周三召开会议。",
            "url":"http://weibo.com/3237475745/EwG4053u9",
            "value":32,
            "label":"-1",
            "time":"2017-02-22 09:17:56",
```

140

```
            "type":"weibo"
        }
    ],
    "people":33,
    "ratio":0.09,
    "title":"环球时报:中国外交部回应美国航母进南海,称反对打着航行自由的旗号威胁沿海国
主权。"
  },
```

响应参数解释:

附表 21 查看观点分析结果响应参数解释

名词	说 明
weibo _ text	舆情内容
url	URL 链接
label	1 表示正面,0 表示中立,−1 表示负面
time	舆情发布时间
type	平台类别
ratio	观点占比
title	观点摘要

(4)事件脉络。

创建事件脉络订阅任务的方法与创建实时舆情订阅任务的方法相同。创建时需要将"event _ timeline"的标志置 1。

1)创建时间脉络订阅任务。

请求示例:

```
{
    "user_key":"XXXXXXXXXXX"
    "token":"XXXXXXXXXX"
    "timestamp":1501647753
    "level":3
    "params_dict":{
        "media_type":["news","weibo","luntan"],
        "history":1,
        "required_keywords":["特朗普"],
        "optional_keywords":["美国"],
        "filter_keywords":[],
        "data_source":[],
        "api_dict":{
```

```
    "event_timeline":{
        "switch":"1"
    },
    }
    }
}
```

参数解释：

附表 22　　　　　创建事件脉络订阅任务参数解释

名称	格式	必填	说　　明
user_key	string	是	申请服务时由百度云分配给用户
token	string	是	token 为使用 HMAC 方法生成带有密钥的哈希值
timestamp	int	是	时间戳
level	int	否	用事件脉络 API 时，level 值必设置为 3 或不带 level 参数
params_dict	json	是	请求所携带的参数列表

params_dict 参数解释：

附表 23　　　　创建事件脉络订阅任务 params_dict 参数解释

名称	格式	必填	说　　明
media_type	string	否	需要召回和分析的 media_type 列表，值为一个［］类型的数据。列表可选值为"ps_page""news""weibo""luntan""boke""weixin""all"。分别代表百度网页搜索结果，新闻，微博，论坛，博客，微信，以及所有。举例：若为［"all"］则召回全部媒体类型数据，若为［"news","weibo"］则召回新闻和微博数据，若不带该字段，则效果同［"all"］
history	int	否	回溯时间，天为单位，取值 0，1，7，默认 0 天
required_keywords	string array	是	主监控词列表，如［"北京","上海"］，多个词用半角，分割
optional_keywords	string array	否	搭配词列表，多个词用半角，分割，与主监控词是与的关系
filter_keywords	string array	否	过滤词列表，多个词用半角，分割，与主监控词是非的关系
data_source	string array	否	目前未用到该字段，使用时直接置为［］即可
api_dict	json	是	功能开关

api_dict 参数解释：

附表 24　　　　　　**创建事件脉络订阅任务 api_dict 参数解释**

名称	格式	必填	说　明
event_timeline	int	是	事件脉络，1 为打开，0 为关闭

2）查看时间脉络结果。

请求参数配置注意："api_type"置为"event_timeline"。

请求示例：

```
{
    "user_key":"XXXXXXXXXXX"
    "token":"XXXXXXXXXXX"
    "timestamp":1501647753
    "api_type":"event_timeline"
    "task_id":XXXXX
}
```

请求参数解释：

附表 25　　　　　　**查看事件脉络结果请求参数解释**

名称	格式	必填	说　明
user_key	string	是	申请服务时由百度云分配给用户
token	string	是	token 为使用 HMAC 方法生成带有密钥的哈希值
timestamp	int	是	时间戳
api_type	string	是	查询事件脉络时值为"event_timeline"
task_id	int	是	任务 id

响应示例：

```
{
    "event_id":"18889_new_6",
    "media_analysis":{
        "event_mailuo":{
            "summary":"特朗普政府推出的一系列新政对墨西哥政治、经济的影响十分明显。中
国国际问题研究院美国研究所所长滕建群观察,移民已成为美墨之间不可回避的政治问题。",
            "name":"特朗普政府废除奥巴马"跨性别厕所令"_搜狐新闻",
            "mailuo":[
                {
```

"weight":2.00678919801,
        "title":"在抵制声浪中特朗普千金的时尚品牌销量破纪录_新浪新闻",
        "url":"http://news.sina.com.cn/o/2017 - 03 - 09/doc - ifychavf2142961.shtml",
        "text":"在抵制声浪中特朗普千金的时尚品牌销量破纪录_新浪新闻",
        "source":"新浪网",
        "time":"2017 - 03 - 09 09:33"
    },
    {

        "weight":1.1899158160247,
        "title":"特朗普要求国会调查奥巴马政府是否滥用调查权_新浪新闻",
        "url":"http://news.sina.com.cn/o/2017 - 03 - 06/doc - ifycaasy7630676.shtml",
        "text":"特朗普要求国会调查奥巴马政府是否滥用调查权_新浪新闻",
        "source":"新浪网",
        "time":"2017 - 03 - 06 00:51"
    },
    {

        "weight":1.2757583610005,
        "title":"特朗普经济目标受到美投资人士质疑_新浪新闻",
        "url":"http://news.sina.com.cn/o/2017 - 03 - 04/doc - ifyazwha3798225.shtml",
        "text":"特朗普经济目标受到美投资人士质疑_新浪新闻",
        "source":"新浪网",
        "time":"2017 - 03 - 04 11:12"
    },
    {

        "weight":1.4025695986586,
        "title":"特朗普将无视 WTO|特朗普|美国|贸易_新浪新闻",
        "url":"http://news.sina.com.cn/w/2017 - 03 - 04/doc - ifyazwha3769143.shtml",
        "text":"特朗普将无视 WTO|特朗普|美国|贸易_新浪新闻",
        "source":"新浪网",
        "time":"2017 - 03 - 04 01:59"
    },
    {

        "weight":0.95512804735117,
        "title":"美国考虑启用"301 条款"日本政府提高警惕",
        "url":"http://news.cbg.cn/hotnews/2017/0303/6988987.shtml",
        "text":"美国考虑启用"301 条款"日本政府提高警惕",
        "source":"视界网",
        "time":"2017 - 03 - 03 09:00"
    },
    {
        "weight":1.2149879630927,

"title":"社评:特朗普大兴扩军,美国就能更安全吗_新浪新闻",

   "url":"http://news.sina.com.cn/o/2017-02-28/doc-ifyavwcv9259449.shtml",

   "text":"社评:特朗普大兴扩军,美国就能更安全吗_新浪新闻",

   "source":"新浪网",

   "time":"2017-02-28 22:58"

  },

  {

   "weight":1.0167042636214,

   "title":"美国总统特朗普会见杨洁篪_新浪新闻",

   "url":"http://news.sina.com.cn/o/2017-02-28/doc-ifyavwcv9136033.shtml",

   "text":"美国总统特朗普会见杨洁篪_新浪新闻",

   "source":"新浪网",

   "time":"2017-02-28 05:07"

  },

  {

   "weight":0.95024523211806,

   "title":"特朗普打破百年惯例拒赴白宫记协晚宴",

   "url":"http://news.cbg.cn/gndjj/2017/0226/6952913.shtml",

   "text":"特朗普打破百年惯例拒赴白宫记协晚宴",

   "source":"视界网",

   "time":"2017-02-26 12:43"

  },

  {

   "weight":1.0595091576783,

   "title":"24 小时国际要闻 TOP10:特朗普再提扩充核武想确保美国\"领跑地位\"",

   "url":"http://news.cbg.cn/hotnews/2017/0225/6950579.shtml",

   "text":"24 小时国际要闻 TOP10:特朗普再提扩充核武想确保美国\"领跑地位\"",

   "source":"视界网",

   "time":"2017-02-25 22:04"

  },

  {

   "weight":0.98851578518617,

   "title":"特朗普政府废除奥巴马\"跨性别厕所令\"",

   "url":"http://news.cbg.cn/gndjj/2017/0223/6926195.shtml",

   "text":"特朗普政府废除奥巴马\"跨性别厕所令\"",

   "source":"视界网",

   "time":"2017-02-23 11:36"

```
        },
        {
            "weight":1.4589821116957,
            "title":"美媒:特朗普政府正在扩大执行美国移民法",
             "url":"http://news. sina. com. cn/sf/news/hqfx/2017 - 02 - 23/doc - ifyavvsk
2776998. shtml",
            "text":"美媒:特朗普政府正在扩大执行美国移民法",
            "source":"新浪",
            "time":"2017 - 02 - 23 09:19"
        },
        {

            "weight":1.1705045969175,
            "title":"特朗普欲驱逐近千万移民,媒体称美国进入"黑暗一章"",
            "url":"http://world. huanqiu. com/exclusive/2017 - 02/10184006. html? _t=t",
            "text":"特朗普欲驱逐近千万移民,媒体称美国进入"黑暗一章"",
            "source":"环球网",
            "time":"2017 - 02 - 23 02:49"
        }
        ]
    }
  }
}
```

响应参数解释:

附表 26   **查看事件脉络结果响应参数解释**

名词	说　明
event _ id	事件 id
name	事件名
summary	事件摘要
weight	这条数据在整个事件中的权重
title	观点摘要（舆情标题）
url	URL 链接
text	舆情摘要
time	舆情发布时间
source	舆情来源

4. API 接口参考

（1）输入输出简述。

附表 27 输 入 简 述

名称（输入）	必填	说 明
主监控词	是	舆情数据抓取的第一查询条件，同一任务支持多个主监控词
搭配关键词	否	与主监控词是并列查询条件的关键词，同一任务支持多个搭配词
排除关键词	否	舆情数据抓取的筛选条件，不会抓取含有这个关键词的舆情数据
回溯时间	否	支持任务建立的前 1 天，前 7 天两种时间范围的回溯查询
数据源类型	是	可选择全部，或者新闻、微博、微信、百度搜索中的一个或多个

附表 28 输 出 简 述

名称（输出）	说 明
标题（文章名）	文章标题
发布时间	内容发布时间
文章来源	内容来源，例如"百度贴吧""新浪微博"
URL	原文地址
媒体类型	媒体类型，包括新闻、微博、微信、论坛、博客、网页等
相关性	代表文本与用户提交的关键词的相似程度
正文摘要（＊）	摘要提取结果，一般是一小段文本
情感倾向（＊）	情感倾向分析结果，值为正面，负面，中立
相似文章数量（＊）	任务中的相似文章数量
相似文章列表（＊）	任务中的相似文章列表，用户可定义返回的相似文章个数
文本中出现的地理位置（＊）	可返回省、市、县（区）数据

注 带（＊）的字段为可选字段。

（2）创建任务。

附表 29 创 建 任 务 方 法

方法	Api	说明
POST	/openapi/createtask	创建任务

请求参数：

附表 30 创 建 任 务 请 求 参 数

名称	格式	必填	说 明
user_key	string	是	系统分配 user_key
token	string	是	token 为使用 HMAC 方法生成带有密钥的哈希值，token 的生成方法请参看 API 鉴权认证流程
timestamp	int	是	任务提交时的时间戳

名称	格式	必填	说　明
level	int	否	不同的 level，对应的是不同的处理逻辑 level＝1：回溯 7 天数据，不做分析，结果数据推送到 BOS（需要用户自行申请 BOS 资源） level＝2：回溯 1 天数据，不做分析，结果数据推送到 BOS（需要用户自行申请 BOS 资源） level＝3：与不带 level 参数相同，用户通过订阅接口获取结果数据
params＿dict	json	是	请求所携带的参数列表

返回参数：

附表 31　　　　　　创建任务返回参数

字段	说　明
code	返回代码，见响应状态码
msg	返回信息
task＿id	该请求对应的任务 id
api＿list	该请求携带的 api 列表，如〔realtime＿flow：实时舆情 opinion＿analysis：观点分析 spread＿analysis：传播分析 event＿timeline：事件脉络〕

params＿dict 参数结构：

附表 32　　　　　　创建任务 params＿dict 参数结构

名称	格式	必填	说　明
media＿type	sting	否	需要召回和分析的 media＿type 列表，值为一个〔〕类型的数据。列表可选值为"ps＿page""news""weibo""luntan""boke""weixin""all"。分别代表百度网页搜索结果，新闻，微博，论坛，博客，微信，以及所有。举例：若为〔"all"〕则召回全部媒体类型数据，若为〔"news"，"weibo"〕则召回新闻和微博数据，若不带该字段，则效果同〔"all"〕
history	int	否	回溯时间，天为单位，取值 0，1，7，默认 0 天
required＿keywords	string array	是	主监控词列表，如〔"北京"，"上海"〕，多个词用半角，分割
optional＿keywords	string array	否	搭配词列表，多个词用半角，分割，与主监控词是与的关系
filter＿keywords	string array	否	过滤词列表，多个词用半角，分割，与主监控词是非的关系
data＿source	string array	否	〔〕，目前未用到该字段，使用时直接置为〔〕即可
api＿dict	json	是	请参看以下示例

```
{
  "realtime_flow":{//实时舆情
    "switch":"1",//开关
    "config":{
      "sentiment_analysis":"1",//情感分析
      "abstract_extract":"1",//摘要提取
      "geo_extract":"1",//位置抽取
      "similar_merge":"1"//相似文章合并
    }
  },
  "event_timeline":{//事件脉络
    "switch":"1"
  },
  "spread_analysis":{//传播分析
    "switch":"1"
  },
  "opinion_analysis":{//观点分析
    "switch":"1"
  }
}  //switch 为 1 表示需要请求该 API
```

（3）删除任务。

附表 33　　　　　　　　　　　删 除 任 务 方 法

方法	Api	说明
POST	/openapi/deletetask	删除任务

请求参数：

附表 34　　　　　　　　　　删 除 任 务 请 求 参 数

名称	格式	必填	说　　明
task _ id	int	是	任务 id
user _ key	string	是	用户 user _ key
token	string	是	token 为使用 HMAC 方法生成带有密钥的哈希值，token 的生成方法请参看 API 鉴权认证流程
timestamp	int	是	API 提交时候的时间戳

返回参数：

附表 35　　　　　　　　　　删除任务返回参数

字段	说明
code	返回代码，见响应状态码
task _ id	任务 id
status	任务的完成状态，值为 running，finished，failed
status _ desc	状态详细说明，见状态详情

status 对应的状态详情如下：

附表 36　　　　　　　　　　删除任务 status 对应的状态

Status	Status _ desc
running	running
delete	delete
finished	success
failed	realtime _ flow fail
failed	opinion _ mining fail
failed	spread _ analysis fail

（4）查询任务列表。

API 服务地址：http：//trends. baidubce. com

附表 37　　　　　　　　　　查询任务列表方法

方法	Api	说明
POST	/openapi/getTasklist	获取任务列表

请求参数：

附表 38　　　　　　　　　　查询任务列表请求参数

名称	格式	必填	说明
task _ id	int	否	任务 id，没有则取所有任务
user _ key	string	是	用户 user _ key
token	string	是	token 为使用 HMAC 方法生成带有密钥的哈希值，token 的生成方法请参看 API 鉴权认证流程
timestamp	int	是	API 提交时候的时间戳

返回参数：

附表 39　　　　　　　　　　**查询任务列表返回参数**

字　段	说　　明
code	返回代码，见响应状态码
msg	返回信息
data	Data 结构

```
{
    "total":1,//任务总数
    "list":[
        {
            "id":"101",
            "create_time":"1480050511",
            "media_type":[
                "news",
                "weibo",
                "luntan",
                "boke",
                "weixin"
            ],
            "history":"7",
            "required_keywords":[
                "文明 6",
                "钢铁雄心 4"
            ],
            "optional_keywords":[
                ""
            ],
            "filter_keywords":[
                ""
            ],
            "api_tpye_list":{
                "realtime_flow":{
                    "config":{
                        "sentiment_analysis":1,
                        "abstract_extract":1,
                        "geo_extract":1,
                        "similar_merge":1
                    },
```

```
            "switch":1
        },
        "event_timeline":{
            "switch":1
        },
        "spread_analysis":{
            "switch":1
        },
        "opinion_analysis":{
            "switch":1
        }
    }
  }
 ]
}
```

（5）查询任务状态。

附表 40　　　　　　　　查 询 任 务 状 态 方 法

方法	Api	说　明
POST	/openapi/getstatus	查询任务状态

请求参数：

附表 41　　　　　　　　查 询 任 务 状 态 参 数

名称	格式	必填	说　　明
task _ id	int	是	任务 id
api _ type	string	是	需要查询完成状态的 api _ type，例如：realtime _ flow 表示查询实时舆情结果
user _ key	string	是	用户 user _ key
token	string	是	token 为使用 HMAC 方法生成带有密钥的哈希值，token 的生成方法请参看 API 鉴权认证流程
timestamp	int	是	API 提交时候的时间戳

返回参数：

附表 42　　　　　　查询任务状态返回参数

字段	说　　明
code	返回代码，见响应状态码
task _ id	任务 id

续表

字段	说　　明
api_type	用户所查询的 api_type，例如 realtime_flow 表示查询实时舆情结果
status	任务的完成状态，值 running，finished，failed
status_desc	状态详细说明，见状态详情

status 对应的状态详情如下：

附表 43　　　　　查询任务状态 status 对应的状态

Status	Status_desc
running	running
delete	delete
finished	success
failed	realtime_flow fail
failed	opinion_mining fail
failed	spread_analysis fail

（6）获取任务结果。

附表 44　　　　　　获 取 任 务 结 果 方 法

方法	Api	说明
POST	/openapi/getresult	获取任务结果

请求参数：

附表 45　　　　　　获取任务结果请求参数

名称	格式	必填	说　　明
task_id	int	是	任务 id
api_type	string	是	用户需要获取结果的 api_type 类型，例如 realtime_flow，opinion_analysis，spread_analysis，event_timeline
user_key	string	是	用户 user_key
token	string	是	token 为使用 HMAC 方法生成带有密钥的哈希值，token 的生成方法请参看 API 鉴权认证流程
timestamp	int	是	API 提交时候的时间戳
params_dict	json	是，每个 API 可带上以 api_type 为 key 的 dict，用于定义参数，若不需要可不带	目前仅实时舆情 API 需要带上这个参数

有关 params_dict 的参数解释如下：

```
{
    "realtime_flow":{
      "offset":"100",[当前获取结果的偏移量,比如这里是指从第 101 条开始获取结果]
      "size":"100",[当次请求最大返回的结果数]
      "time_from":"20161017131000",[定义结果时间起点]
      "time_to":"20161017131500",[定义结果时间结束点]
      "media_type":"weibo,news,bbs",[定义返回哪些媒体类型的结果]
      "sentiment_type":"1",[定义返回哪些情感类型的结果,0,1,-1 代表中立,正面,负面]
      "search_word":"",[若不为"",仅返回标题或正文命中该 search_word 的结果]
      "relate_type":"1",[只返回较相关的结果]
      "province":"",[指定返回 province 为指定值的数据]
      "city":"",[指定返回 city 为指定值的数据]
      "county":""[指定返回 county 为指定值的数据]
    }
}
```

返回参数：

附表 46　　　　　　　　　　**获取任务结果返回参数**

字段	说　　明
code	返回代码
total	结果条目数量
result_list	返回的结果列表

1）实时舆情接口。

附表 47　　　　　　　　　　**实 时 舆 情 接 口**

名称	说　　明
datatime	文章发布的时间，如果是 ps_page 数据源，则 datetime 表示数据抓取时间
geo	文本中出现的地理位置，可返回省、市、县（区）数据，示例：{"province": [{"name":"新疆维吾尔自治区","conf": 1}],"country": [{"name":"中国"," conf": 1}],"area": [],"county": [],"city": [],"geo_type":"ip" } geo_type 值可为 ip, baiduid, weiboid, content
media_type	媒体类型，包括新闻、微博、微信、论坛、博客、网页等
relevance	从 0 到 10 的整数，代表一个文本与用户提交的关键词的绝对相似程度，值越大，代表越相似
score	从 0 到 10 的整数，代表一个文本在所有相似文本中与用户关键词相似的相对程度，值越大，代表越相似

续表

名称	说 明
sentiment	情感倾向分析结果，值为 0，1，−1。其中 0 为中立，1 为正面，−1 为负面
similar_docs	任务中相似文章列表 ［｛title，url，datetime｝，｛title，url，datetime｝］
similar_docs_num	任务中的相似文章数量
source	内容来源，例如"百度贴吧"，"新浪微博"
summary	摘要提取结果，一般是一小段文本
title	文章标题
url	原文地址
username	舆情的发布者

2）观点分析接口。

附表 48　　　　　　　　观 点 分 析 接 口

名称	说 明
opinion_abstract	观点描述
ratio	观点占比
label	1 表示正面，0 表示中立，−1 表示负面

3）传播分析接口。

附表 49　　　　　　　　传 播 分 析 接 口

名称	说 明
event_id	用于标识该传播分析结果的唯一 id
update_time	该传播路径分析结果上次更新时间
event	事件结构，详述见下文
name	传播分析

Event 结构：

附表 50　　　　　　　传播分析接口 Event 结构

名称	说 明
user_graph	微博转发关系图中的子图列表
content_emotion	内容情感分析结果
content_graph	原创微博转发数据

转发关系图中的子图

```
{
    "subgraph_id":1,//子图 id
    "subgraph":{
        "nodes":[   //子图中的结点信息
            {
                "user_id":"5688715686",  //微博 user_id
                "appear_time":"2016－11－19 21:19:47",  //用户注册时间
                "user_type":"ordinary",  //用户类型,分为普通,大 V 等
                "followers_count":72,  //粉丝数
                "image_url":"http://tp3. sinaimg. cn/5688715686/50/5772983154/0",//头像链接
                "user_name":"一颗芯芷为妳"  //微博用户名
            }
        ],
        "links":[  //用户转发关系,从谁到谁
            {
                "source":"6039398375",  //源用户 id
                "target":"5032400557",  //目标用户 id
                "retweet_type":"direct",  //直接转发还是间接转发
                "retweet_step":1  //中间经过了几次跳转
            }
        ]
    },
    "subgraph_size":12  //该子图 nodes 的个数
}
```

Content _ emotion：

附表 51　　　　　　　　传播分析接口 Content _ emotion

名词	说　　明
positive	正面列表，列表内容说明见下文（情感项）
negative	负面列表，同上
neutrality	中立列表，同上

情感项：

```
{
    "user_id":"1803458397",
    "weibo_url":"http://weibo. com/1803458397/EiihzeYS5",
    "type":"fixed",//fixed 代表根微博,非 fixed 代表不是根微博
    "impact_force":35,//该条微博的影响力
```

```
    "user_type":"ordinary",   //用户类型,分为普通和大 V
    "followers_count":232,   //粉丝数
    "image_url":"http://tp2.sinaimg.cn/1803458397/50/5773196619/1",
    "media_type":"weibo",
    "date":"2016-11-19 19:01:11",   //微博发布时间
    "emotion_property":"neutrality",   //情感属性
    "retweet_count":1,   //转发次数
    "user_name":"旦勿日人",
    "id":"4043601853570585"
}


content_graph
[
    {
        "data":{
            "nodes":[
                {
                    "user_id":"3568411162",
                    "weibo_url":"http://weibo.com/3568411162/EigGrlAdU",
                    "type":"retweet",   //retweet 代表转发微博,fixed 为根微博
                    "impact_force":11,   //该条微博影响力
                    "user_type":"ordinary",
                    "followers_count":65,
                    "image_url":"http://tp3.sinaimg.cn/3568411162/50/5772899213/0",
                    "media_type":"weibo",
                    "date":"2016-11-19 14:56:58",
                    "emotion_property":"neutrality",
                    "retweet_count":0,       //转发数
                    "user_name":"小赤佬 xy",
                    "id":"4043540395144134"
                }
            ],
            "stat":{
                "leaf_followers_count_dis":{   //子图粉丝数分布
                    "0":15,   //传播路径中第 0 层微博用户粉丝数
                    "1":44,   //传播路径中第 1 层微博用户粉丝数
                    "2":194,
                    "3":29,
                    "4":2
                },
                "importance_user":[   //重要微博结点列表
```

```
  {
    "user_id":"5241346591",
    "weibo_url":"http://weibo.com/5241346591/EiAynzldc",
    "type":"retweet",
    "impact_force":62,
    "user_type":"ordinary",
    "followers_count":221,
    "image_url":"http://tp4.sinaimg.cn/5241346591/50/5773577892/0",
    "media_type":"weibo",
    "date":"2016-11-21 17:32:03",
    "emotion_property":"neutrality",
    "retweet_count":266,
    "user_name":"大娃有大头",
    "id":"4044304198346142"
  }
],
"retweet_time_dis":[   //各 datetime 时间点转发数分布
  {
    "num":122,
    "datetime":"2016-11-19 14:00:00"
  },
  {
    "num":335,
    "datetime":"2016-11-19 15:00:00"
  }
],
"user_total_num":5912,   //总微博用户数
"weibo_total_num":5911,   //覆盖的微博数
"followers_count_dis":{   //粉丝分布
  "0":1101,
  "1":1012,
  "2":2451,
  "3":816,
  "4":532
},
"hierarchy_stat":{   //传播路径中第 1 层第 2 层第 3 层第 4 层转发总数,可能还有 5,具体
有几层根据结果动态生成
    "1":233,
    "2":3464,
    "3":1517,
    "4":697
```

```
    },
    "user_type_ratio":{    //用户类型分布
      "ordinary":5897,    //普通用户个数
      "BigV":15    //大 V 用户个数
    }
  },
  "links":[
    {
      "source":"4043561676169518",
      "target":"4043567598801693"
    }
  ]
},
"root":"4044321081124475"    //该子图的根用户 id
  }
]
```

4）事件脉络接口。

附表 52 　　　　　　　　　　　**事 件 脉 络 接 口**

名词	说　　明
event _ id	事件 id
name	事件名
summary	事件摘要
weight	这条数据在整个事件中的权重
title	观点摘要（舆情标题）
url	URL 链接
text	舆情摘要
time	舆情发布时间
source	舆情来源

参 考 文 献

［1］ Bonome，María G. Analysis of Knowledge Organization Systems as Complex Systems A New Approach to Deal With Changes in the Web ［J］. Knowledge Organization，2012，39 (2)：104－110.

［2］ Souza，Renato Rocha，Tudhope，et al. Towards a Taxonomy of KOS Dimensions for Classifying Knowledge Organization Systems ［J］. Knowledge Organization ，2012，39 (4)：179－192.

［3］ 王曰芬，熊铭辉，吴鹏. 面向个性化服务的知识组织机制研究 ［J］. 情报理论与实践，2008，(1)：7－11.

［4］ 王兰成，敖毅，李留英 . mdKOFT 文献型异构信息源知识组织框架的构建技术 ［J］. 图书情报工作，2008，52 (6)：102－105.

［5］ 夏立新，叶飞. 行为学角度的政务门户知识组织与整合研究 ［J］. 情报学报，2011，28 (3)：331－336.

［6］ 董慧，姜赢，王菲，等. 基于数字图书馆的本体演化和知识管理研究——动态知识组织 ［J］. 情报学报，2009，28 (4)：483－491.

［7］ 姜永常 . CNKI 数字图书馆知识服务研究 ［J］. 情报学报，2004，23 (3)：265－274.

［8］ 王亚，陈龙，曹聪，等. 事件常识的获取方法研究 ［J］. 计算机科学，2015，42 (10)：217－221.

［9］ 李勇建，乔晓娇，孙晓晨. 突发事件结构化描述框架研究 ［J］. 电子科技大学学报 (社科版)，2013，15 (1)：28－33.

［10］ 王宁，陈湧，郭玮，等. 基于知识元的突发事件案例信息抽取方法 ［J］. 系统工程，2014，32 (12)：133－139.

［11］ 邵荃，翁文国，何长虹，等. 突发事件模型库中模型的层次网络表示方法 ［J］. 清华大学学报 (自然科学版)，2009，49 (5)：625－628.

［12］ 马雷雷，李宏伟，连世伟，等. 一种自然灾害事件领域本体建模方法 ［J］. 地理与地理信息科学，2016，32 (1)：12－17.

［13］ 吴情，谈伟，盖文妹. 基于动态贝叶斯网络的民航突发事件情景分析研究 ［J］. 中国安全生产科学技术，2016，12 (3)：169－174.

［14］ 仲兆满，刘宗田，李存华. 事件本体模型及事件类排序 ［J］. 北京大学学报 (自然科学版)，2016，49 (2)：234－240.

［15］ 王冬芝. 事件——人类思维的知识单元和语言表达的信息单元 ［J］. 湖北民族学院学报 (哲学社会科学版)，2015，33 (6)：151－155.

［16］ 陈献耘，柏晗. 抓住契机，开创水利情报工作新境界 ［J］. 情报杂志，2011，30 (12)：121－122.

［17］ 范维澄. 国家公共安全和应急管理科技支撑体系建设的思考和建议 ［J］. 中国应急管理，2008 (04)：22－24.

[18] 范维澄，刘奕. 城市公共安全与应急管理的思考 [J]. 城市管理与科技，2008，05：32 - 34.

[19] 袁莉，杨巧云. 重特大灾害应急决策的快速响应情报体系协同联动机制研究 [J]. 四川大学学报（哲学社会科学版），2014，3 (3)：116 - 124.

[20] 宋英华，王容天. 基于危机周期的突发事件全面应急管理机制研究 [J]. 华中农业大学学报（社会科学版），2010，88 (4)：104 - 107.

[21] 李红艳. 突发水灾害事件应急管理参与主体的界定及其互动关系 [J]. 水利水电科技进展，2013，04：31 - 35.

[22] 崔维，刘士竹. 事故灾难类突发事件风险管理研究——以"11·22"中石化东黄输油管道泄漏爆炸特大事故为例 [J]. 中国应急管理，2014，06：16 - 21.

[23] 张乐，王慧敏，佟金萍. 突发水灾害应急合作的行为博弈模型研究 [J]. 中国管理科学. 2014，22 (4)：92 - 97.

[24] 吴浩云，金科. 太湖流域水灾害应急对策研究 [J]. 中国水利，2012，(13)：40 - 43.

[25] T. Tingsanchali. Urban flood disaster management [J]. Procedia Engineering, 2012, 32：25 - 37.

[26] 方琦. 我国城市水灾害防御体系研究 [J]. 城市道桥与防洪，2012，(11)：70 - 72.

[27] 龙献忠，安喜倩. 善治视野下城市型水灾害防治中的公民参与 [J]. 湖南科技大学学报（社会科学版），2013，05：120 - 123.

[28] 谢丹，朱伟. 基于情景的城市突发暴雨灾害应急管理对策研究 [J]. 安全. 2014，(7)：22 - 24.

[29] Gangyan Xu, George Q. Huang, Ji Fang. Cloud asset for urban flood control [J]. Advanced Engineering Informatics, 2015, 29 (3)：355 - 365.

[30] 徐绪堪，赵毅，王京，等. 城市水灾害突发事件情报分析框架构建 [J]. 情报杂志，2015，08：21 - 25.

[31] Seifu J. Chonde, Omar M. Ashour, David A. Nembhard, et al. Model comparison in Emergency Severity Index level prediction [J]. Expert Systems with Applications, 2013, 40：6901 - 6909.

[32] Jianxiu Wang, Xueying Gu, Tianrong Huang. Using Bayesian networks in analyzing powerful earthquake disaster chains [J]. 2013, 68：509 - 527.

[33] Xu Z, Luo X, Liu Y, et al. From Latency, through Outbreak, to Decline：Detecting Different States of Emergency Events Using Web Resources [J]. IEEE Transactions on Big Data, 2016：1 - 1.

[34] Jianxiu Wang, Xueying Gu, Tianrong Huang. Using Bayesian networks in analyzing powerful earthquake disaster chains [J]. Natural Hazards, 2013, 68：509 - 527.

[35] Marie - Ange Baudoin, Sarah Henly - Shepard, Nishara Fernando, et al. From Top - Down to "Community - Centric" Approaches to Early Warning Systems. Exploring Pathways to Improve Disaster Risk Reduction Through Community Participation [J]. Int J Disaster Risk Sci. 2016, 7：163 - 174.

[36] Stefano Balbi, Ferdinando Villa, Vahid Mojtahed, et al. A spatial Bayesian network model to assess the benefits of early warning for urban flood risk to people [J]. Natural Hazards Earth System Sciences, 2016, 16：1323 - 1337.

［37］ Elisabeth Pate‐Cornell. Fusion of Intelligence Information. A Bayesian Approach ［J］. Risk analysis，2002，22（3）：445‐454.

［38］ L. Alfieri, J. Thielen. A European precipitation index for extreme rain‐storm and flash flood early warning ［J］. METEOROLOGICAL APPLICATIONS，2015，22：3‐13.

［39］ Carlette Nieland，Shahbaz Mushtaq. The effectiveness and need for flash flood warning systems in a regional inland city in Australia ［J］. Nautral Hazards，2016，80：153‐171.

［40］ Fi‐JohnChang，Pin‐AnChen，Ying‐Ray Lu, et al. Real‐time multi‐step‐ahead water level forecasting by recurrent neural networks for urban flood control ［J］. Journal of Hydrology，2014，517：836‐846.

［41］ 裘江南，王延章，董磊磊. 基于贝叶斯网络的突发事件预测模型 ［J］. 系统管理学报，2011，20（1）：98‐108.

［42］ 吴倩，谈伟，盖文妹. 基于动态贝叶斯网络的民航突发事件情景分析研究 ［J］. 中国安全生产科学技术，2016，12（3）：169‐174.

［43］ 陈昌源，牛佳伟，李殿鑫，等. 基于加权灰色模型的天津水域水上交通事故研究 ［J］. 中国水运，2016，16（9）：102‐104.

［44］ 汤能见. 基于熵—云耦合模型的引水隧洞岩爆预测研究 ［J］. 水电能源科技. 2015，33（12）：116‐118.

［45］ 杨大瀚，魏淑艳. 中国大城市自然灾害预警系统研究 ［J］. 理论界，2015，09：141‐149.

［46］ 陈鹏，张立峰，孙滢悦，等. 城市暴雨积涝灾害风险预警理论与方法研究 ［J］. 农业灾害研究，2016，01：38‐41.

［47］ 王慧军，许映秋，谈英姿，等. 基于区域网格划分的城市积水预警模型构建 ［J］. 机械制造与自动化，2014，02：117‐120，125.

［48］ Nengcheng Chen，Wenying Du，Fan Song etc. FLCNDEMF. An Event Metamodel for Flood Process Information Management under the Sensor Web Environment ［J］. Remote sensing，2015，7：7231‐7254.

［49］ Jianxiu Wang，Xueying Gu，Tianrong Huang. Using Bayesian networks in analyzing powerful earthquake disaster chains ［J］. Natural Hazards，2013，68：509‐527.

［50］ 李勇建，王治莹，乔晓娇. 基于超图的非常规突发事件链网络模型研究 ［J］. 管理评论，2015，27（12）：192‐201.

［51］ 梁小艳，庄亚明. 基于贝叶斯网络的突发事件信息生命阶段研判方法 ［J］. 情报科学，2016，34（4）：35‐39.

［52］ 佘廉，刘山云，吴国斌. 水污染突发事件：演化模型与应急管理 ［J］. 中国社会公共安全研究报告，2012，01：35‐46.

［53］ 仲秋雁，路光，王宁. 基于知识元模型和系统动力学模型的突发事件仿真方法. 情报科学，2014，32（10）：15‐19.

［54］ Jian Chen AAH，Lensyl D. Urbano. A GIS‐based model for urban flood inundation ［J］. Journal of Hydrology，2009，373：184‐192.

［55］ 刘铁忠，李海艳，李慧茹，等. 考虑应急组织要素的城市洪水 Na‐Tech 事件演化研究 ［J］. 中国安全科学学报，2016，26（7）：163‐168.

［56］ 曾欢. 长三角地区水灾害应急管理信息系统建设研究 ［J］. 人民长江，2014，41（1）：101‐104.

[57] 涂勇，何秉顺，李青，等. 山洪灾害数据共享问题初探［J］. 中国防汛抗旱，2014，24（4）：1-3.

[58] 陈德清，陈子丹. 建设防汛信息系统，减轻洪涝灾害损失［J］. 中国减灾，2013，212（9）：24-25.

[59] Shanghong Zhang，Baozhu Pan. A urban storm - inundation simulation method based on GIS［J］. Journal of Hydrology，2014，517：260-268.

[60] Zhanming Wan，Yang Hong，Sadiq khan. A cloud - based global flood disaster community cyber - infrastructure. Development and demonstration［J］. Environmental Modelling&Software，2014，58：86-94.

[61] 董泽宇. 美国预警系统发展历程及其启示［J］. 中国公共安全学术版，2014，2：1-5.

[62] 遇桂春，胡兴民. 城市水灾害的特点及成因分析［J］. 海河水利，2003，（4）：28-30.

[63] 吴志峰，象伟宁. 从城市生态系统整体性、复杂性和多样性的视角透视城市内涝［J］. 生态学报，2016，36（16）：4955-4957.

[64] 颜素珍. 以史为鉴科学应对水灾害［J］. 河海大学学报（哲学社会科学版），2008，10（04）：15-18.

[65] 张忠训，徐刚，张跃华. 气候变化下重庆城市洪涝灾害研究［J］. 重庆三峡学院学报，2011，05：58-62.

[66] 徐松鹤，韩传峰. 突发事件应急管理组织的 Brusselator 熵模型研究［J］. 科技管理研究，2015，03：154-158.

[67] 徐绪堪，赵毅，王京，等. 城市水灾害突发事件情报分析框架构建［J］. 情报杂志，2015，08：21-25.

[68] 徐绪堪，房道伟，苏新宁，等. 面向知识服务的水利工程知识组织模型构建［J］. 情报杂志，2014，（3）：150-155. DOI. 10.3969/j. issn. 1002-1965.2014.03：028.

[69] Alexander，David. Principles of Emergency Planning and Management［M］. Oxford University Press，USA.

[70] 钟开斌. 应急决策. 理论与案例［M］. 北京：社会科学文献出版社，2004.

[71] 徐绪堪，蒋勋，苏新宁，等. 面向知识服务的知识组织框架体系构建［J］. 情报学报，2013，32（12）：1278-1287.

[72] Muhammad Irfan Rafiq，AbidFarooq，Muhammad Usman Mirza. Business Intelligence Framework Supporting Non - BI Factors［J］. International Journal of Future Computer and Communication，2013，2（6）：608-612.

[73] 吴叶葵. 突发事件预警系统中的信息管理和信息服务［J］. 图书情报知识，2006，3：73-75.

[74] 张美莲，佘廉. 国外突发事件应急响应研究综述［J］. 国外社会科学，2015，01：100-112.

[75] 胡楚丽，陈能成，关庆锋，等. 面向智慧城市应急响应的异构传感器集成共享方法［J］. 计算机研究与发展. 2014，51（2）：260-277.

[76] 化柏林，武夷山. 情报方法面面观［J］. 情报学报，2012，31（3）：225.

[77] 肖升，何炎祥. 事件超图模型及类型识别［J］. 中文信息学报，2013，27（1）：30-38.

[78] 王吉林，舒江波，李勇，等. 分布式 Web 主题信息抽取的框架探析［J］. 情报理论与实践，2014，12：117-122.

[79] 谷俊，翁佳，许鑫. 面向情报获取的主题采集工具设计与实现 [J]. 图书情报工作，2014，20：91 - 99.

[80] 陈祖琴. 面向应急情报采集与组织的突发事件特征词典编制 [J]. 图书与情报，2015，03：26 - 33.

[81] 王军，卜书庆. 网络环境下知识组织规范研究与设计 [J]. 中国图书馆学报，2012，38 (200)：39 - 45.

[82] 徐绪堪，房道伟，蒋亚东. 基于知识单元的知识组织过程研究 [J]. 情报理论与实践，2014，10：50 - 53.

[83] 徐绪堪，苏新宁，冯兰萍. 面向知识服务的知识组织过程研究 [J]. 情报资料工作，2015，01：6 - 13.

[84] 朱晓峰，潘郁，陆敬筠. 危机决策中政务信息采集模型研究 [J]. 情报理论与实践，2008，31 (2)：231 - 233.

[85] 苏新宁. 政务信息资源管理与政府决策 [M]. 北京：科学出版社，2008.

[86] 中华人民共和国国家质量监督检验检疫总局，中国国家标准化管理委员会. 政务信息资源目录体系 第 4 部分. 政务信息资源分类. GB/T 21063.4—2007 [S]. 北京：中国标准出版社，2007.

[87] 刘彩云，沈春会. 浅析大数据时代的电子政务信息资源采集 [J]. 档案管理. 2015，(3)：25 - 27.

[88] 孟增辉. 知识定义及转化研究 [J]. 计算机工程与应用，2015，51 (13)：131 - 138.

[89] Azmeri, Iwan K. Hadihardaja, Rika Vadiya. Identification of flash flood hazard zones in mountainous small watershed of Aceh Besar Regency, Aceh Province, Indonesia [J]. The Egyptian Journal of Remote Sensing and Space Sciences, 2016, 19：143 - 160.

[90] 范维澄，翁文国，张志. 国家公共安全和应急管理科技支撑体系建设的思考和建议 [J]. 中国应急管理，2008，04：22 - 25.

[91] Elisabeth Pate - Cornell. Fusion of Intelligence Information: A Bayesian Approach [J]. Risk analysis, 2002, 22 (3)：445 - 454.

[92] 建设综合勘察研究设计院有限公司. 城市地理空间框架数据标准 [M]. 中国建筑工业出版社，2014.

[93] 蓝荣钦，王家耀，徐青. 基于网格的苏州市公众空间信息服务示范系统 [J]. 测绘科学技术学报，2011，28 (4)：250 - 253.

[94] 王红霞，苏新宁. 电子政务动态信息采集模型的研究 [J]. 中国图书馆学报，2006，32 (163)：73 - 76.

[95] 钟华，李新伟. 卫生政务网络信息资源采集流程及影响因素分析 [J]. 中国数字医学，2010，07：26 - 29.

[96] 周德懋，李舟军. 高性能网络爬虫：研究综述 [J]. 计算机科学，2009，08：26 - 29，53.

[97] Thomas E, Johannes E. Event Pattern Markup Language (EML) [R]. Open Geospatial Consortium, 2008.

[98] 陈泽强，陈能成，杜文英，等. 一种洪涝灾害事件信息建模方法 [J]. 地球信息科学学报，2015，179 (6)：644 - 652.

[99] 李勇建，乔晓娇，孙晓晨. 突发事件结构化描述框架研究 [J]. 电子科技大学学报（社科版），2013，15 (1)：28 - 33.

[100] 刘铁民. 突发事件应急预案体系概念设计研究 [J]. 中国安全生产科学技术，2011，7 (8)：5 - 13.

[101] 雷丽萍. 高速公路突发事件组织间应急信息沟通实证研究 [J]. 管理评论，2015，09：213 - 220.

[102] 王萌. 城市地理空间信息共享与管理办法研究 [D]. 华东师范大学，2008.

[103] 任皓，苏新宁，孔敏，等. 论企业知识资源的组织 [J]. 情报学报，2003，22 (2)：211 - 216.

[104] 徐绪堪，苏新宁，冯兰萍. 面向知识服务的知识组织过程研究 [J]. 情报资料工作，2015，01：6 - 13.

[105] 肖希明. 信息资源建设. 概念、内容与体系 [J]. 中国图书馆学报. 2006 (5)：5 - 8.

[106] Hernadez MA, Stolfo SJ. Real - world Data is Dirty. Data Cleansing and the Merge/Purge Problem [J]. Data Mining and Knowledge Discovery, 1998, 2 (1)：9 - 37.

[107] 郭志懋，周傲英. 数据质量和数据清洗研究综述 [J]. 软件学报，2002，13 (11)：2076 - 2082.

[108] 石美红，王婷，陈永当，等. 基于业务过程和知识需求的知识推送系统 [J]. 计算机集成制造系统，2011，17 (4)：882 - 887.

[109] Hei - Chia Wanga, Hung - Chih Kuoa, Hong - Hwa Chenb, et al. KSPF. using gene sequence patterns and data mining for biological knowledge management. Expert Systems with Applications [J]. 2005, 28：537 - 545.

[110] 赵丹阳，王萍，徐少龙，等. 基于 SOA 的科技文献随需应变知识服务 [J]. 情报科学，2012，30 (5)：769 - 779.

[111] Muhammad Irfan Rafiq, AbidFarooq, Muhammad Usman Mirza. Business Intelligence Framework Supporting Non - BI Factors [J]. International Journal of Future Computer and Communication. 2013, 2 (6)：608 - 612.

[112] 化柏林，李广建. 从多维视角看数据时代的智慧情报 [J]. 情报理论与实践，2016，02：5 - 9.

[113] 杨林，李广建. 情报分析系统的发展趋势 [J]. 图书情报工作，2013，57 (7)：116 - 121.

[114] 储节旺，郭春侠. 突发事件应急决策的情报支持作用研究 [J]. 情报理论与实践，2015，38 (11)：6 - 11.

[115] 许明金. 竞争对手情报的采集与分析 [M]. 海口：海南出版社，2008.

[116] 叶光辉，李纲. 多阶段多决策主体应急情报需求及其作用机理分析——以城市应急管理为背景 [J]. 情报杂志，2015，06：27 - 32.

[117] 王吉林，舒江波，李勇，等. 分布式 Web 主题信息抽取的框架探析 [J]. 情报理论与实践，2014，12：117 - 122.

[118] 谷俊，翁佳，许鑫. 面向情报获取的主题采集工具设计与实现 [J]. 图书情报工作，2014，20：91 - 99.

[119] 韩崇昭，朱洪艳，段战胜. 多源信息融合 [M]. 2 版. 北京：清华大学出版社. 2010.

[120] 张家年. 情报融合中心. 美国情报共享实践及启示 [J]. 图书情报工作，2015，59 (13)：87 - 95.

[121] Elisabeth Pate - Cornell. Fusion of Intelligence information. A Bayesian Approach [J].

Risk Analysis，2002，22（3）：445－454.

[122] Arpad palfy. Bridging the Gap between Collection and Analysis. Intelligence Information Processing and Data Governance［J］. International Journal of Intelligence and CounterIntelligence，2015，28（2）：365－376.

[123] Jorge A，Balazs，JuanD，et al. Opinion Mining and Information Fusion. A survey［J］. Information fusion，2016（27）：95－110.

[124] 任红娟. 一种内容和引用特征融合的知识结构划分方法研究［J］. 中国图书馆学报，2013，39（207）：76－82.

[125] 朱朝勇. 基于本体的知识库分类研究［J］. 合肥：中国科学技术大学 .2013：43－50.

[126] 蒋勋，徐绪堪. 面向知识服务的知识库逻辑结构模型［J］. 图书与情报，2013，06：23－31.

[127] 文庭孝，罗贤春，刘晓英. 知识单元研究述评［J］. 中国图书馆学报，2011，37（195）：75－86.

[128] 王冬芝. 事件——人类思维的知识单元和语言表达的信息单元［J］. 湖北民族学院学报（哲学社会科学版），2015，33（6）：151－155.

[129] Hyun Lee，ByoungyongLee，KyungseoPark. Fusion Techniques for Reliable Information. A Survey［J］. International Journal of Digital Content Technology and its Applications，2010，4（2）：74－88.

[130] GangyanXu，George Q. Huang，JiFang. Cloud asset for urban flood control［J］. Advanced Engineering Informatics，2015，29（3）：355－365.

[131] Luis Martínez，Jun Liu，Yang Xu. Information Fusion and Logic－based Reasoning Approaches for Decision Making under Uncertainty［J］. Journal of Universal Computerence，2010，16（16）：1－2.

[132] 薛耀文，黄欢，张国凤，等. 基于重大突发事件的即兴决策［J］. 系统管理学报，2013，22（5）：708－714.

[133] 中华人民共和国水利部. 实时雨水情数据库表结构与标识符标准：SL 323—2005［S］. 北京：中国水利水电出版社 .2011.

[134] Nengcheng Chen，Wenying Du，Fan Song，et al. FLCNDEMF. An Event Metamodel for Flood Process Information Management under the Sensor-Web Environment［J］. Remote sensing，2015，7：7231－7254.

[135] 裘江南，王延章，董磊磊. 基于贝叶斯网络的突发事件预测模型［J］. 系统管理学报，2011，20（1）：98－108.

[136] Elisabeth Pate－Cornell. Fusion of Intelligence Information. A Bayesian Approach［J］. Risk analysis.2002，22（3）：445－454.

[137] 李勇建，乔晓娇，孙晓晨. 突发事件结构化描述框架研究［J］. 电子科技大学学报（社科版），2013，15（1）：28－33.

[138] 吴倩，谈伟，盖文妹. 基于动态贝叶斯网络的民航突发事件情景分析研究［J］. 中国安全生产科学技术，2016，12（3）：169－174.

[139] 盛勇，孙庆云，王永明. 突发事件情景演化及关键要素提取方法［J］. 中国安全生产科学技术，2015，01：17－21.

[140] 周志远，沈固朝，朱小龙. 贝叶斯网络在情报预测中的应用［J］. 情报科学，2014，

166

32 (10)：3 - 8.

[141] 中华人民共和国国家质量监督检验检疫总局，中国国家标准化管理委员会. 降水量
等级：GB/T 28592—2012 [S]. 北京：中国标准出版社，2012.

[142] 陆静，王捷. 基于贝叶斯网络的商业银行全面风险预警系统 [J]. 系统工程理论与
实践，2012，32 (2)：225 - 235.

[143] 王宁，路国粹，郭玮. 面向突发事件规则推理的问题域特征网络模型 [J]. 大连理
工大学学报，2015，55 (6)：644 - 649.

[144] 仲兆满. 事件本体及其在查询扩展中的应用 [D]. 上海：上海大学，2016：33 - 41.

[145] GangyanXu, GeorgeQ. Huang, JiFang. Cloud asset for urban flood control [J]. Ad-
vanced Engineering Informatics, 2015, 29 (3)：355 - 365.

[146] 仲兆满，刘宗田，李存华. 事件本体模型及事件类排序 [J]. 北京大学学报 (自然
科学版)，2016，49 (2)：234 - 240.

[147] 王亚，陈龙，曹聪，等. 事件常识的获取方法研究 [J]. 计算机科学，2015，42
(10)：217 - 221.

[148] Christos L. Koumenides, Nigel R. ShadboltRanking. Methods for Entity - Oriented
Semantic Web Search [J]. JOURNAL OF THE ASSOCIATION FOR INFORMA-
TION SCIENCE AND TECHNOLOGY, 2016, 65 (6)：1091 - 1106.

[149] 张清华. 多粒度知识获取与不确定性度量 [M]. 北京：科学出版社，2013.

[150] WITOLD PEDRYCZ. KNOWLEDGE MANAGEMENT AND SEMANTIC MODEL-
ING：A ROLE OF INFORMATION GRANULARITY [J]. International Journal
of Software Engineering and Knowledge Engineering, 2013, 23 (1)：5 - 11.

[151] 沙勇忠，史忠贤. 基于语义相似度的公共危机事件案例检索方法 [J]. 情报资料工
作.2014，6：6 - 11.

[152] 单建芳. 面向事件的文本表示研究 [D]. 上海：上海大学，2011：32 - 36.

[153] Pedrycz, Witold. Granularcomputing. analysis and design of intelligent systems [M].
CRC Press, Taylor&Francis Group, 2013：239 - 254.

[154] 刘伟祥，崔林山. 公安交通管理大数据研判分析平台框架研究 [J]. 智能交通，
2015，39：55 - 58.

[155] 李培，秦四清，薛雷，等. 2015 年 4 月 25 日尼泊尔 Mw5.8 地震孕育过程分析与震
后趋势研判 [J]. 地球物理学报，2015，58 (5)：1827 - 1833.

[156] 高影繁，李颖，孟令恩，等. 主题图在突发事件应急信息分析中的应用研究 [J].
情报理论与实践，2016，39 (6)：115 - 119.

[157] 贾亚敏，安璐，李纲. 城市突发事件网络信息传播时序变化规律研究 [J]. 情报杂
志，2015，04：91 - 96，90.

[158] 刘永，许烨婧. 面向情境的情报服务理论问题研究 [J]. 情报理论与实践，2013，
36 (11)：1 - 4，19.

[159] 由凯，钟慧娟，游宏梁. 面向情报工作的可视化分析系统研究 [J]. 情报理论与实
践，2014，37 (10)：130 - 134.

[160] 骆怡航，范玉顺. 基于服务感知模型的用户反馈 [J]. 清华大学学报 (自然科学
版)，2012，52 (12)：1677 - 1681.